国家级一流本科专业建设点配套教材·产品设计专业系列   丛书主编 | 薛文凯
高等院校艺术与设计类专业"互联网+"创新规划教材   丛书副主编 | 曹伟智

产品设计创意思维

赵 妍 编著

北京大学出版社
PEKING UNIVERSITY PRESS

内 容 简 介

　　本书编写的首要目的是阐明什么是创意,以及创意对产品设计的重要价值;然后,明确什么是创意思维,进而利用这种思维模式举一反三、灵活设计;最后,实现用原创的思维解决需要创造力的产品设计问题。设计需要思维方法,创意亦是。作为产品设计的灵魂,创意可以从不同的领域获得,这些领域包括人文、科技、文化、材料、艺术、工艺生产及商业等。创意可以由点及面地展开,本书作为产品设计创意训练的教材和参考书,可以帮助读者通过简单易懂的方法模板,启发性地进入创意产生状态,随着设计创造经验的不断积累,读者可以通过正向与逆向的思辨,独立地、创造性地打造适合自己的创意思维模式。同时,书中的设计案例可以二次物化创意思路,使设计者在明确创意思维方法重要性的同时,掌握创意产品设计的完整流程。

　　本书可作为工业设计、产品设计等专业的教材,也可作为设计爱好者的自学参考用书。

图书在版编目 (CIP) 数据

产品设计创意思维 / 赵妍编著. —北京:北京大学出版社,2021.6
高等院校艺术与设计类专业"互联网 +"创新规划教材
ISBN 978-7-301-31989-5

Ⅰ. ①产…　Ⅱ. ①赵…　Ⅲ. ①产品设计—高等学校—教材　Ⅳ. ① TB472

中国版本图书馆 CIP 数据核字(2021)第 022843 号

书　　　名	产品设计创意思维	
	CHANPIN SHEJI CHUANGYI SIWEI	
著作责任者	赵　妍　编著	
策 划 编 辑	孙　明	
责 任 编 辑	孙　明	
数 字 编 辑	金常伟	
标 准 书 号	ISBN 978-7-301-31989-5	
出 版 发 行	北京大学出版社	
地　　　址	北京市海淀区成府路 205 号　100871	
网　　　址	http://www.pup.cn　　　新浪微博:@ 北京大学出版社	
电 子 邮 箱	编辑部 pup6@pup.cn　　　总编室 zpup@pup.cn	
电　　　话	邮购部 010-62752015　　发行部 010-62750672　　编辑部 010-62750667	
印 刷 者	北京宏伟双华印刷有限公司	
经 销 者	新华书店	
	889 毫米 ×1194 毫米　16 开本　9.25 印张　256 千字	
	2021 年 6 月第 1 版　2024 年 1 月第 3 次印刷	
定　　　价	57.00 元	

序言

产品设计在近十年里遇到了前所未有的挑战，设计的重心已经从产品设计本身转向了产品所产生的服务设计、信息设计、商业模式设计、生活方式设计等"非物"的层面。这种转变让人与产品系统产生了更加紧密的联系。

工业设计人才培养秉承致力于人类文化的高端和前沿的探索，放眼世界，并且具有全球胸怀和国际视野。鲁迅美术学院工业设计学院负责编写的系列教材是在教育部发布"六卓越一拔尖"2.0计划，推动新文科建设、"一流本科专业"和"一流本科课程"双万计划的背景下，继2010年学院编写的大型教材《工业设计教程》之后的一次新的重大举措。"国家级一流本科专业建设点配套教材·产品设计专业系列"忠实记载了学院近十年来的学术、思想和理论成果，以及国际校际交流、国际奖项、校企设计实践总结、有益的学术参考等。本系列教材倾工业设计学院全体专业师生之力，汇集学院近十年的教学积累之精华，体现了产品设计（工业设计）专业的当代设计教学理念，从宏观把控，从微观切入，既注重基础知识，又具有学术高度。

本系列教材基本包含国内外通用的高等院校产品设计专业的核心课程，知识体系完整、系统，涵盖产品设计与实践的方方面面，从设计表现基础—专业设计基础—专业设计课程—毕业设计实践，一以贯之，体现了产品设计专业设计教学的严谨性、专业化、系统化。本系列教材包含两条主线：一条主线是研发产品设计的基础教学方法，其中包括设计素描、产品设计快速表现、产品交互设计、产品设计创意思维、产品设计程序与方法、产品模型塑造、3D设计与实践等；另一条主线是产品设计实践与研发，如产品设计、家具设计、交通工具设计、公共产品设计等面向实际应用方向的教学实践。

本系列教材适用于我国高等美术院校、高等设计院校的产品设计专业、工业设计专业，以及其他相关专业。本系列教材强调采用系统化的方法和案例来面对实际和概念的课题，每本教材都包括结构化流程和实践性的案例，这些设计方法和成果更加易于理解、掌握、推广，而且实践性强。同时，本系列教材的章节均通过教学中的实际案例对相关原理进行分析和论述，最后均附有练习、思考题和相关知识拓展，以方便读者体会到知识的实用性和可操作性。

中国工业化、城市化、市场化、国际化的背后是国民素质的现代化，是现代文明的培育，也是先进文化的发展。本系列教材立足于传播新知识、介绍新思维、树立新观念、建设新学科，致力于汇集当代国内外产品设计领域的最新成果，也注重以新的形式、新的观念来呈现鲁迅美术学院的原创设计优秀作品，从而将引进吸收和自主创新结合起来。

本系列教材既可作为产品设计与产品工程设计人员及相关学科专业从业人员的实践指南，也可作为产品设计等相关专业本科生、研究生、工程硕士研究生和产品创新管理、研发项目管理课程的辅助教材。在阅读本系列教材时，读者将体验到真实的对产品设计与开发的系统逻辑和不同阶段的阐述，有助于在错综复杂的新产品、新概念的研发世界中更加游刃有余地应对。

相信无论是产品设计相关的人员还是工程技术研发人员，阅读本系列教材之后，都会受到启迪。如果本系列能成为一张"请柬"，邀请广大读者对产品设计系列知识体系中出现的问题做进一步有益的探索，那么本系列教材的编者们将会喜出望外；如果本系列教材中存在不当之处，也敬请广大读者指正。

2020 年 9 月
于鲁迅美术学院工业设计学院

前言

创意思维是产品设计的重要组成部分，也是产品竞争力的集中体现和设计创新的重要机遇。在许多产品设计的初学者看来，创意思维能力往往是少数设计天才才能拥有的"专利"，一个好的产品设计灵感往往是可遇而不可求的。本书编写的目的不仅是要纠正这种错误的认识，而且要帮助设计新手建立对原创设计的自信心。结合当前"大众创业，万众创新"的新形势，产品设计创意思维可以通过设计洞察并挖掘出具有原生态和原创精神的商业新价值，由此，可以归纳总结出一个优秀的创意产品应具备的三个要素：可实现性的设计概念、新的创意点、有一定的商业价值。

本书将产品设计创意思维方法规划为几个大方向，设计师和设计团队在设计的不同阶段可以根据情况灵活运用创意思维的相关方法指导设计实践。所谓创意，就是一种对现有生活的改善甚至革新，无论是产品设计专业师生所设计的概念想法作品还是企业即将推向市场的产品构想，创意思维都可以帮助其进行课题的理性选择和精准的设计定位，使其能够获得更好的想法和切入点，这样距离设计创新的产生就更进了一步。所以，产品设计创意思维是关于未来设计的一种想象，通过设计师实现构想，做出具体的产品并提供给用户，促使产品实现其商业价值，是一个完整的产品设计创意思路与流程。

本书的编写特点在于将设计创意根据产品设计实践中的特征总结进行分类，即改良型创意、概念型创意、未来型创意等。这种分类方式可以帮助设计师在具体的项目中，有效地找到创意思维方法切入点。所谓改良型创意，是指在产品技术、原理等方面不存在重大改革的前提下，基于市场和用户需求而对产品进行阶段性的升级或者功能拓展，进而改进的生产技术，一般是根据需求而做出的改进。与之对比的概念型创意常常会引发某一设计领域产品的更新换代和全面升级。这意味着，全新的产品设计并不仅仅是对原始产品某一方面的改进，而是会逐渐影响整个产品进入一个全新的阶段，此时原有的产品从外观到功能等属性都会发生改变。此外，书中介绍的未来型创意试图通过预测近未来情境中的事物来获得会改变设计现状的创意点。除了预测未来，设计者还可以追溯过去，找到可以传承的设计智慧与精髓。以上所介绍的创意思维方法将融合最新的设计实践成果，帮助读者找到符合项目特点的创新思路。

产品设计的创意模式需要建立启发性的思路和方法，通过专业的学习和实践，加上独立的思辨。每个产品设计师都可以实现设计创新，但值得注意的是，创意设计不等于发明，设计并不是凭空创造。在这个领域，新的创意设计往往是"站在前人的肩膀上"创造新的价值。同时，设计师要在探测未来的同时立足当下，思辨地寻找设计的切入点。这是在设计进程中引发"蝴蝶效应"的关键点，对产品的局部技术创新会引发整个产品的结构、功能、外观的全面革新。

本书由赵妍编著。本书的编写出版，首先，向鲁迅美术学院工业设计学院院长薛文凯教授表示感谢，薛教授在本书的编写过程中，为本书提出大量宝贵建议，而且在教材结构和构思方面给予了极大的帮助，使本书的内容得到质的提升。其次，感谢北京大学出版社的编辑人员对本书提出的建议，以确保本书的顺利出版。最后，感谢所有支持本书的读者，希望在今后可以获得更多读者的支持和宝贵建议。

由于编者对产品设计的理解水平有限，而且设计的思潮正处于不断变化、发展的阶段，许多新知识的融入需要具体的分析和反思，所以书中难免存在不足之处，恳请广大读者批评指正，并从不同领域给予新的思路和见解。

赵妍

于鲁迅美术学院

2020 年 10 月

【资源索引】

目录

绪言
什么是创意，
什么是思维

本章要点

■ 创意设计思维微观周期包含的阶段。
■ 创意设计思维宏观周期中的思维模式转换。

本章引言

本章编写的目的是在讲述产品设计创意思维的相关知识之前，先让读者明确什么是创意、什么是思维，以及两者的区别和联系。之所以将创意和思维分开来讲解，是因为在与设计相关的其他领域，创意与思维方法均发挥着重要的作用，而产品设计的创新和突破是可以通过创意思维的不断启发和训练来逐渐成熟的，同时也可以通过其他领域优秀案例的类比思考，来启发产品设计的创意。此外，创意思维无论从宏观的角度还是从微观的角度研究，均可以得到具体的设计步骤，让设计的内容找到自己的逻辑。

0.1 什么是创意

说到创意，许多人会想到某位画家、作家、设计师、摄影师、电影制作人等。换句话说，创意会带入性地让人想到创造了某个事物的某个人。然而，这世上没有哪一个人会理所应当地贴上创意的标签，因为，每一个人在各自的生活中都可以富有创意。所谓创意，可以意味着很多事情，如专心收集数据，针对实际问题找出独特的解决方案。由此可见，创意可以理解为在某个领域的具有独特性的想法；此外，创意也可以理解为讲出意见，组织团队以增进人与人之间的交流，改变某项服务。由此可以发现，创意不一定是一个人的活动，也可以由多人参与其中，共同协作。每一个创意的出现，可能改变个人的某个想法，或者塑造我们生活的世界。总而言之，每一种创意途径都会以一种意义深远的方式，塑造着我们的世界。

认真观察周围产品的创造力，同样可以折射出自己内心的创造力（见图 0.1）。作为一名教师，需要在不断挖掘学生潜在的创造力的同时，开发自己的创造力。换句话说，想要设计一次充满创意的课堂体验，从教师到学生都要充分激发出创造力。在学习创意方法并应用于设计实践之前，教师需要纠正对于创意的错误认识，比如，创造性的工作只适合那些天赋异

禀的少数人，这种想法会成为一道释放自己创意思维的屏障。作为创意方法的研究人员，所在团队需要花费大量时间为产生创意打好基础，去释放潜在的创造力。如某公司为了鼓励创新，允许员工每周用 20% 的工作时间来策划、实施正常工作以外自己感兴趣的项目，这 20% 的工作时间被称为"天才一小时"。后来，这个概念被应用于教育上。

由此得出，创意可以属于我们中的每一个人，尤其在创新的过程中，对于遇到的瓶颈和阻碍，不要感到沮丧或者规避困难，而是要冷静下来并迎难而上。在尝试改变现状或者解决问题的过程中，设计者要学会灵活地运用自身能力去解决挑战，并发挥优势表达设计创意（见图 0.2），因为这也是激发设计者创造精神和独创思路的宝贵途径。

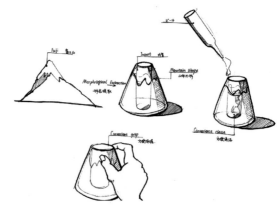

图 0.2 创意设计草图，设计学生姓名：邹礼杨

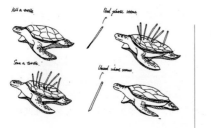
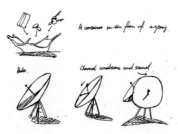
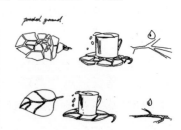

图 0.1 创意设计草图，设计学生姓名：李港迟

0.2　什么是思维

什么是思维？思维可以是一种模式或者一种流程，它可以引导创意在正确的轨道上前行并落地，有了思维模式的创意就不会昙花一现，而且可以实现创意的可复制性和可拓展性。由此可见，快速产生高价值产品创意的关键在于系统的思维模式，这种思维模式可以帮助人们迅速在用户需求、痛点和多方面信息线索之间建立有效的联系，给设计师提供多种思考和解决问题的路径。

基于对众多成功产品和优秀创意的分析，可以总结出产生优秀产品创意的思维模式（见图0.3），其主要分为两个方面：一方面是偏理性的，主要从产品的功能、结构、外观形态出发，这些因素构成了产品的硬性要素；另一方面是偏感性的，主要从用户体验、用户情感、商业模式出发，这些因素构成了产品的软性要素。用户虽然触摸不到产品的软性要素部分，但是可以感受到。硬性要素与软性要素相结合，不仅使产品创意变得更加丰满，而且提高了从创意到真实产品的成功率。

从用户角度来分析，如果建立优秀设计的知识框架图（如设计思维导图，见图0.4），就会发现一项好的产品设计要具备以下几个特点：第一，要有实用价值，能实现一定的功能，这是产品最基本的价值；第二，要具备易用性，也就是用户的体验要良好，而且使用方便；第三，用户要对产品产生一定的情感，即产品不仅简单地实现了某些功能而且能满足用户的情感需求，让用户感受到极大

的乐趣和情感满足，对产品形成黏性；第四，用户想获得的服务是容易得到的，即用户可以以最低的成本、最快的方式获得产品或者享受产品的使用价值，这些要点都需要与产品的创意思维模式相吻合。

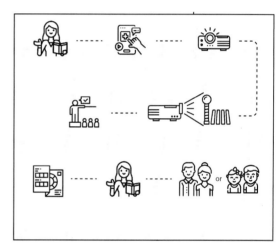

图0.3　产生优秀产品创意的思维模式规划图，设计学生姓名：冯子君

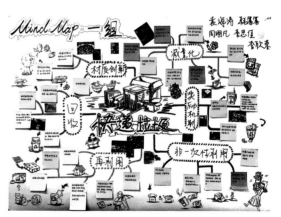

图0.4　设计思维导图，设计学生姓名：袁海涛、韩骞骞、周翊凡、李思佳、李欣蓉

0.3　创意设计思维的微观周期

在更加深入地了解设计与创意思维之前，首先要明确设计思维的过程。目前，不同的学术部门对设计思维的表达会有所不同，但对设计目标的追求却基本相同。基本上在所有的设计思维过程中，开端是问题陈述，过程是设计创新，尾声是解决问题。整个设计过程都是以用户为中心开展各项迭代任务。大多数经历过设计思维与创新的设计者都会有所了解，设计思维过程可以分为微观周期和宏观周期。

首先是微观周期，根据哈索·普拉特纳软件研究所的6步设计思维（见图0.5），即理解、观察、定义视角、构思、原型、测试，许多大学也将这种思路用于设计教学。根据教学实践，该设计思维过程也可以加以简化，如日本金泽工业高等专门学校的全球信息技术中心，采用4步设计思维，即同理心、分析、原型、共创；而斯坦福设计学院则将理解与观察合并为发展同理心。IDEO设计创新公司最初把设计思维周期定义为5个简单步骤，以便获得创新的想法，同时，该公司强调实践，因为再好的概念设计如果没有经历过市场考验也是空谈。IDEO设计创新公司定义的5步设计思维包括：理解（任务、市场、客户、技术、限制条件、规定，以及最佳标准），观察并分析（真实用户在真实场景下的行为，并将其与特定任务联系起来），可视化（最初的解决方案的三维建模、原型、草图手绘等），评估并优化（对原型的一连串检验和反馈、改进等循序过程），实践（在现实市场条件下检验新的概念）。

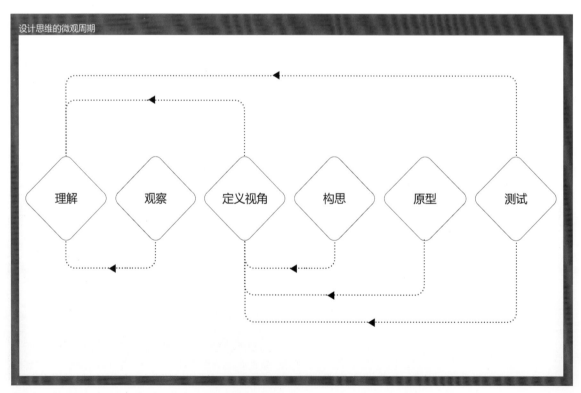

图 0.5　设计思维的微观周期（哈索·普拉特纳软件研究所设计）

在 IDEO 设计创新公司、斯坦福设计学院的基础上，很多公司将设计思维的微观周期进一步细化为 3～7 步设计思维，3 个大的阶段包括：倾听、创造、交付。具体第 7 个步骤是对 6 步设计思维的补充，使得设计思维的微观周期成为 6+1 步创意思维，如图 0.6 所示。

第 1 步，理解。通过理解识别出需要解决的问题，并对问题进行适当的定义和陈述，可以借助 Why（为什么）和 How（怎么做）来搭建新的问题研究框架。除了定义和陈述设计问题外，理解整个项目的背景也很重要，可以通过 "5W+H" 法（见图 0.7）获取 6 个关于问题的洞察，通过 What（提出了什么解决方案）、Who（谁是目标客户群体）、When（何时需要出结果，可以持续多久）、Where（结果将会用于何地）、Why（为什么用户认为需要一个解决方案）、How（如何执行这个新方案）来向读者展示这些必要信息。

第 2 步，观察。在观察过程中，记录和信息可视化尤为重要，这样的信息呈现可以分享给更多的人。到目前为止，设计思维的大多数方法都以定性观察为主，记录也主要通过电子板、愿景板、照片日记记录、思维导图、情绪图片，以及生活照片和人物照片来呈现。这些对于创建与修改的人物角色都是重要的信息来源，可以帮助建立用户的同理心。

第 3 步，定义视角。提到视角，重要的是借鉴、解释并衡量所有的发现。设计团队在这个阶段需要鼓励参与者分享自己的经历故事、展示照片，以及描述使用或体验产品中的反应和情绪。在这个过程中，设计者需要不断修改和完善目标用户群体的特征。

第 4 步，构思。在构思阶段，设计团队可以利用多种方法来加强创造性，头脑风暴或草图创建是这个阶段最常用的方法。设计团队

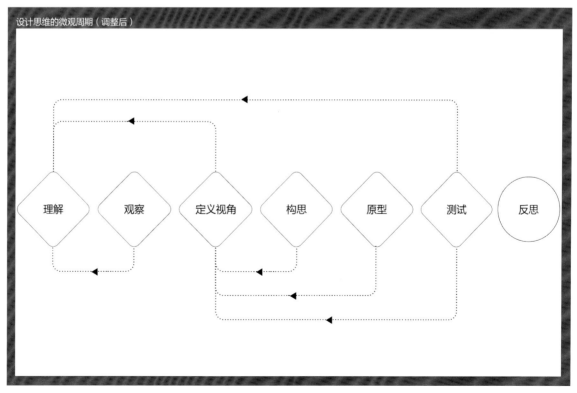

图 0.6　设计思维的微观周期（调整后）

应就目标产品尽可能多地发散想法，然后将想法二次物化。构思阶段与原型和测试阶段紧密连接，构思阶段的目标是为接下来的设计计划增添创意。在开始接触设计问题时，设计团队可以进行一场头脑风暴，然后根据方案的限定性因素对众多想法进行筛选。如此一来，创意和整个发散阶段就能得以控制。

第5步，原型。原型是指将设计想法转变成有形的东西，然后找到潜在用户进行测试，这样可以通过得到的反馈来改善设计想法和原型。

第6步，测试。在草图和原型建立之后，就可以进入测试阶段，设计师可以找同事进行测试，也可以邀请潜在用户，这样获得的反馈会更具启发性。除了传统的测试，如今利用 AI 与数字技术呈现的测试，可以在短时间内完成大量的测试，并收获反馈。

第7步，反思。这是调整后新增加的一个步骤，在开始迭代设计之前，进行必要的反思对于设计而言是尤为重要的一步。反思可以以一种回溯的方式检查整个设计流程和各阶段的状况，对设计过程中顺利的部分总结经验，对不足和需要改进的部分加以分析并总结教训。这些经验和教训对于今后设计团队的设计能力提升具有重要的促进作用。通过反思，设计团队可以更新目标用户模板和需求清单，而且，反思有助于发现新的设计可能，并形成更好的设计解决方案。

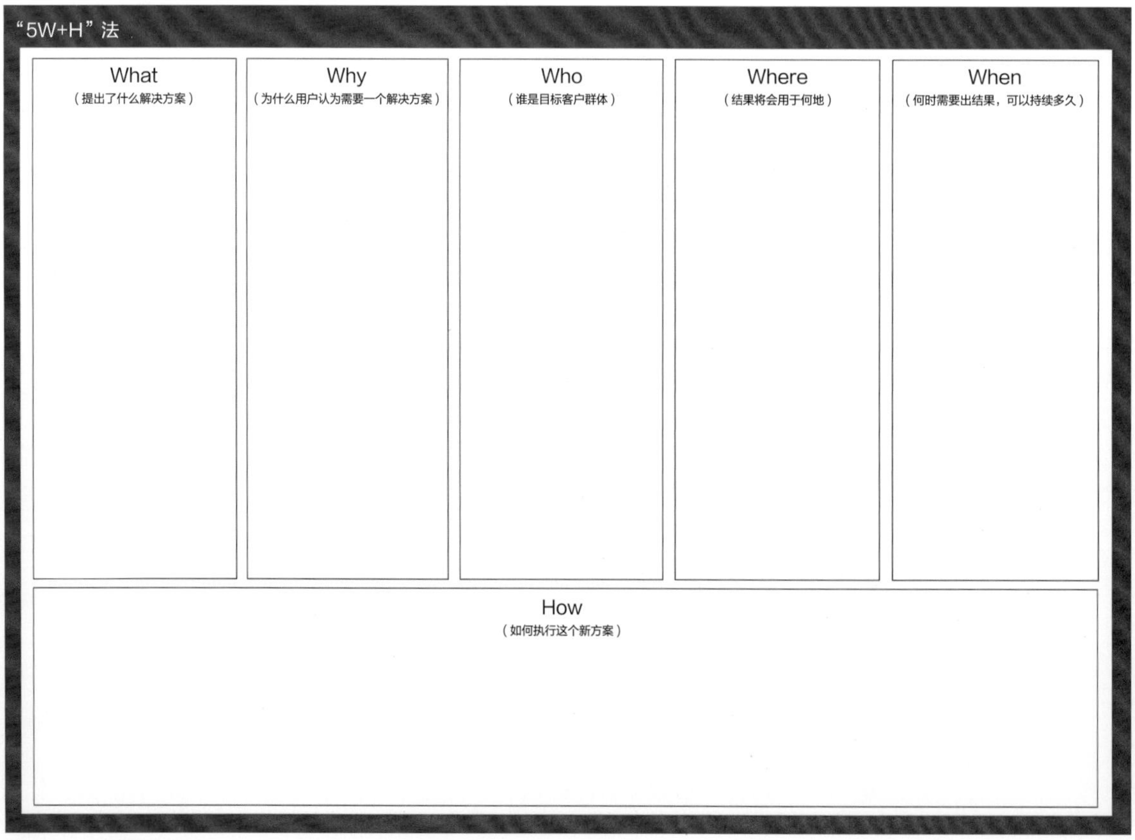

图 0.7 "5W+H" 法

0.4　创意设计思维的宏观周期

创意设计思维宏观周期的首要任务是理解设计问题，并计划出解决问题的愿景。想要达到这个目的，则需要以多轮微观周期作为基础。创意设计思维的宏观周期一般从一些发散的特性开始，其中包括 5 个发散步骤：初始的想法、定义关键的功能、来自基准分析的点子、来自黑马原型的点子、来自理想原型的点子。设计团队利用各种不同的创新方法不断产生大量的想法，其中一些优秀的想法在后期会通过原型和手绘呈现出来，并找到潜在用户进行测试。根据不同的设计项目，设计团队会找到许多种创新方法和工具，因此，从每个项目的开始阶段起，通往最终方案的创意之旅就是不确定的。

纵观一个项目的整个设计周期，可以将其分为问题定义期与解决方案期，而实现这两个时期转换的关键在于发散思维与收敛思维的实时切换，保证设计在创造与可行性之间获得平衡（见图 0.8）。当设计团队面对的是相对简单的设计项目时，由于对市场和目标解决问题的思路有了比较充分的了解，设计团队可以快速过渡到受压区，前面 5 个发散步骤中的任意一个都可以直接导向受压区，然后将点子或解决方案的愿景具象化为可视的原型，接下来在不同的用户中进行测试，如

图 0.8　创意思维发展过程

果对设计方案的大部分反馈都是正向的，那么就可以顺利进入下一阶段的设计迭代。

设计团队想要抓住下一个重大市场机遇，可以遵循创意思维的宏观周期（见图0.9）的如下步骤。

第一步，通过头脑风暴产生初始的想法。通常来说，设计团队的每个成员对问题陈述及解决方案范围的想法都会有所差别，而头脑风暴在设计初始阶段可以帮助成员间互相了解并相互学习。头脑风暴可以设置在20分钟左右，这个过程中想法产生的数量要比质量更加重要，每个成员可以在便笺上记录每个点子，也可以边写边画，每个人都可以在其他人的点子下留言。

第二步，设计团队要对收集到的想法进行分类，可以依据的标准是：哪些点子是最自然得到的？哪些解决方案是受他人追捧的？我们可以做到哪些？我们可以做出哪些不同寻常的方案？接下来，挖掘对用户而言的关键功能。对于设计方案和计划来说，功能定义是重要的步骤，根据使用者所处的情境，对设计功能需要进行排序。这个阶段可以设置1~2个小时，目标是拟定、测试10~20个关键功能。在对关键功能进行排序时可以参考以下问题：哪些功能是强制需要的？哪些体验对于用户来说是绝对必要的？这些功能和体验之间的关系是什么？

第三步，从其他行业或经历中找到基准线。基准分析可以帮助成员跳出固有的思维框架，并将不同领域的想法用于解决具体设计问题。将其他领域的经历融入设计思路时，可以分两步进行：其一，头脑风暴与问题相关的点子；其

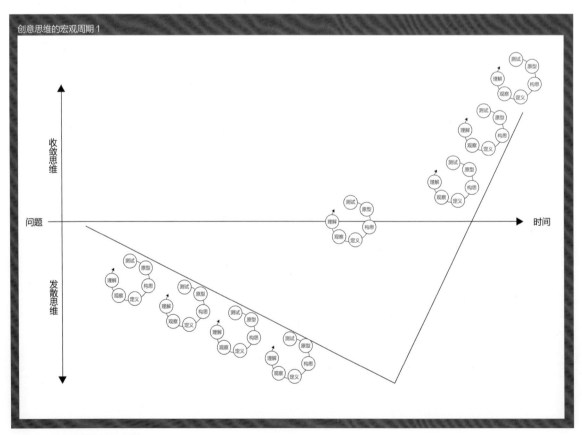

图 0.9 创意思维的宏观周期 1

二，头脑风暴行业案例或相关经历。接下来，从每个步骤中挑出 3 个最好的想法，并把它们融入设计项目之中，为原型与测试做出准备。

第四步，增强创造力，并从所有点子中找出"黑马"。设计团队需要激发大家的创造力，从而引发一些激进的点子，这是"黑马"产生的基础条件。而激进的想法往往需要设计师离开自己的舒适区，尝试更具挑战性的设计问题。

第五步，执行理想原型并释放创意。在很多情况下，设计团队没有想出突破性的点子，设计师不得不进一步推动设计。建立一个理想原型可以进一步提升创意，这个方法可以鼓励设计团队最大化地获得成功，将成本和时间消耗降至最低。

第六步，用愿景原型确定愿景。从发散阶段到收敛阶段的过渡区是受压区（见图 0.10），这两个阶段之间的转化可以发生在任何时候。有经验的设计师能够辨认这个转化时期，从而引导设计团队有针对性地转向设计的收敛阶段。在建立设计愿景时，以下方法可以给设计团队提供启发：产品的关键功能、最好的初始想法、来自其他领域的新思路、有启发的洞察、最简单的解决方案。接下来，设计团队邀请潜在用户对设计愿景进行测试并对反馈进行记录。设计团队需要通过以下问题获得有用的信息反馈：愿景原型是否足够吸引潜在用户的注意？愿景原型有没有给用户的期待留出足够的余地？愿景提供的价值是否令人信服？为了进一步完善产品的用户体验，还有什么是可以改进的？

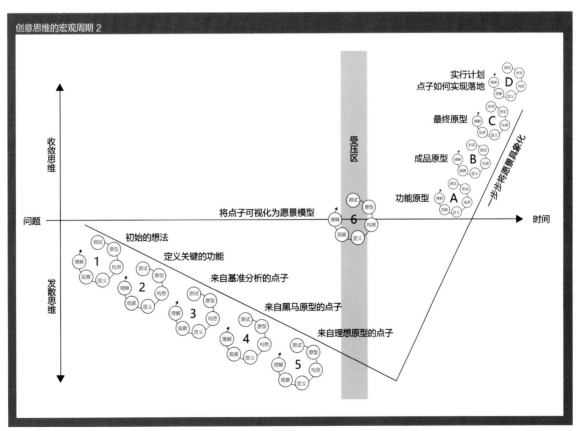

图 0.10　创意思维的宏观周期 2

第七步,一步步地将愿景具体化。进入方案的收敛阶段,设计团队将主要聚焦在愿景的具体落实思路上,这一步的任务是将筛选出来的想法进行详细阐述,并通过迭代不断提高和拓展。首先,建立并测试关键功能,因为它们是产品不可缺少的组成部分。以此作为起点,不断地补充与产品相关的元素,最终形成完善的方案。发展设计原型是一个迭代过程,其中会经历功能原型、成品原型和最终原型等过程。功能原型的重点是找到设计变量,其次,寻找潜在用户进行密集测试,进而使关键功能根据关键的体验环节来设计。设计团队通常利用 MVP 最小可行性产品进行原型测试,作为构建后续原型的基础。成品原型的创建对于和用户交互是非常重要的,利用相对真实的产品原型展示和用户使用体验可以真实显现这个阶段设计中存在的问题。最终原型是基于深思熟虑的投入,以及较高的实现度的基础上的产品真实效果展示,辅助和验证产品能否在上市时获得成功。

通过以上 7 个步骤的设计思维宏观周期,可以做出几点总结:①如果想获得激进式的创新,应不断尝试离开舒适区;②在宏观周期中,培养对受压区的意识,可以对未来设计想法的成功起到决定性的作用;③设计团队应时刻明确所处的设计阶段是发散思维阶段还是收敛思维阶段;④尝试独立决策所有想法,即喜欢、改变或放弃。

思考题

（1）什么是创意？

（2）什么是思维？

（3）什么是创意设计思维的微观周期？

（4）什么是创意设计思维的宏观周期？

第 1 章
改良产品创意方法

本章要点

■ 什么是改良设计。

■ 改良设计的要求与限定条件。

■ 改良型产品的内涵与外延创意方法。

本章引言

对于改良型产品的创新思路和模式,往往会围绕产品功能创新展开。功能是产品最基本的创新因素,在基于用户需求和痛点构思产品创意时,功能创新是最基本的思考维度,因为任何产品都要具备一定的功能来解决用户的具体问题。如何通过功能创新来突显产品的竞争优势?通过对上千种广受用户欢迎的产品在功能实现方面的特点进行研究总结发现,一般情况下可以采取将产品功能组合、将单一功能做到极致、功能跨界、增强产品移动性和便携性、模块化、智能化和自动化等多种手段,凸显产品创新性。除了产品功能的多种开发以外,产品的服务磁场和用户体验提升方式也是可以改善改良型产品的有效途径。再者,在产品开发中引入绿色设计、可再生设计的理念也可以节约现有产品的生产成本,为产品提供更多的发展空间。

1.1　减法设计

在产品功能的拓展阶段，较为容易的方式是做功能叠加，用加法的模式进行多功能产品开发，在某种意义上需要创意的升华，即从量变到质变的转变。当一个单一功能的产品不断加入新的功能时，设计师不可以一味地增加产品体积和生产成本，而是在组合的基础上使产品发生质变，使这些相互叠加的功能相互融合并创新性地融入产品之中。但创意的更好层次并不一定是不断地做加法，本节所讲的减法设计对于设计团队来说会具有更多的挑战性和创新因素。如今，简约化设计风格越来越受到人们推崇，产品功能的简化会给用户带来更直接、更便捷的用户体验，可以拉近产品与用户之间的距离。

在简化产品功能的进程中，设计师需要不断尝试将产品的主辅功能进行分离和分析，针对产品的主要功能展开创新（见图1.1）。当设计师将产品的主要功能发挥到极致时，这也将成为产品的主要卖点，用户可以轻而易举地获得产品体验并对产品留下深刻印象。功能简化与下一部分介绍的功能组合是两种相反的创新思路，功能简化强调极简主义，去除一切不必要的功能，最大限度地突出产

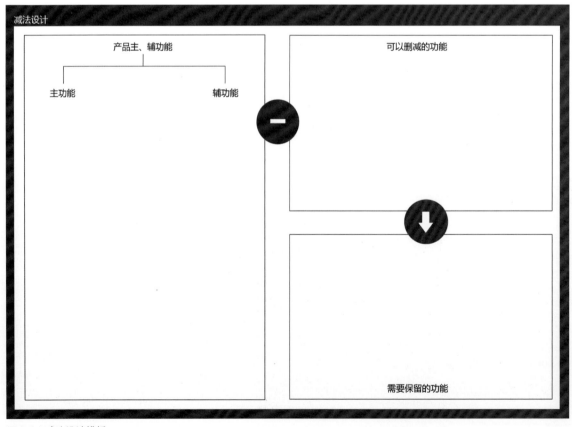

图1.1　减法设计模板

品的核心功能。一个产品想凭借单一功能吸引用户，创造良好的用户体验，就必须将这个单一功能发挥到极致，但将单一功能做到极致说起来容易，做起来很难。众所周知，产品功能需要一定的技术、材料和生产工艺提供支撑，当功能提升到一定程度之后就很难再有所提升和突破。此外，将单一功能做到极致意味着这个产品的质量非常可靠和稳定，可以使用很多年。所以，这种创新思路非常适合一些工艺品工业和家庭耐用品的创新，而且这样的产品也具有较高的附加值。

在这个科技高度发达、物质极为丰富的时代，消费日趋多元化，消费者也愿意为具有单一极致功能的产品买单。如图 1.2 所示的简约风格香薰用品设计，在这个系列产品中每个单元产品所采用的单一功能极致创新强调深入洞察消费者日常生活中的需求和痛点，找到最真实的应用场景，就某一个核心痛点进行集中的创新和突破，从而带给用户更理想的体验舒适度。

单一功能极致创新既是工匠精神的具体体现，又顺应了极简主义的潮流。这也意味着采取这种创新思路的产品有着巨大的市场空间。但面对复杂的社会经营环境，企业在采取这种创新思路时，需要评估其应用场景和风险，避免将过多的资源投入到没有前途的功能上，造成功能过剩。这些评估因素包括：第一，这个具有单一功能的产品是否有着长期的需求或者长期的使用场景；第二，能否通过将单一功能做到极致而极大地增加产品溢价能力；第三，企业在将单一功能做到极致的背后是否有一些独特的资源优势，如技术优势、生产工艺优势、品牌优势等。

图 1.2　简约风格香薰用品设计，设计学生姓名：李剑波

1.2 加法设计

这里研究的产品创意加法设计并不是简单地增加产品的功能，使其多功能化。因为单纯地增加产品的功能、结构、使用方式并不属于创新方法，只是机械性地叠加，使产品的系统不断变得庞大，往往会导致功能之间或者结构之间存在互相干涉，甚至运行失调。加法设计是在产品量变基础上的质变效应，在设计中，这种创意效应不仅会实现将多种产品类型、功能、属性进行整合和融合，而且可以成就一个全新的产品。

那么，在产品设计创意进程中，设计团队先通过悉心观察、分析产品的各个属性、组成元素、运行原理、使用方法等，然后重点关注产品中的某个环节，集中设计团队的思路去拓展这个环节，融合多种因素将产品的这个特征的用户满意度发挥到极致，进而让产品在同类竞品中特征鲜明，具有更强的市场竞争力。无论是产品创意设计中的加法设计还是减法设计，关键点都在于产品的特征是否突出，产品的各方面因素是否根据用户需求预先做出调整和更新（见图1.3）

在加法设计的训练过程中，可以为参与设计

人员提前准备好一个产品，作为改良和创新的目标产品，然后设计团队通过集思广益找到若干能够与目标产品融合或存在某些关联的相关产品。接下来训练监督者向设计参与者提出要求，即在不增加目标产品体积、结构，以及用户使用难度的前提下，将相关产品功能融入其中，在设计过程中鼓励使用可以降低成本或环境友好的新材料和新技术实现目标产品的改良和创新。如图1.4所示，这个设计案例的目标产品是一个多功能按摩器，通过头脑风暴的运用找到了一个可以与之创新融合的产品砸坚果器，在不改变原始产品体积和外观的情况下，将两个产品的功能合二为一，用户在使用产品敲打背部进行按摩的同时，不仅可以将放入按摩头中的坚果砸碎，而且增加了用户使用产品的乐趣。

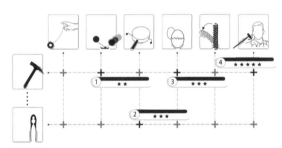

图 1.3 加法设计案例，设计学生姓名：秦浩翔

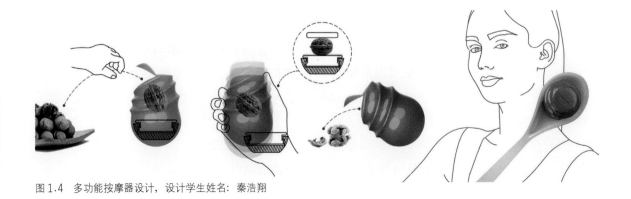

图 1.4 多功能按摩器设计，设计学生姓名：秦浩翔

1.3　衍生发散

衍生发散可以让用户在设计活动中充分发挥创意，表达自己的情感、梦想、需求和愿望，从而为产品设计的概念开发提供丰富的信息。衍生发散是一种可以通过具体行为活动表现隐喻设计思路的方式。在衍生发散行为研究过程中，设计团队可以鼓励设计参与者使用一些材料来表述自己的情感和设计意图，如参与设计人员使用轻质黏土来创造许多不同的形状来表达情绪，其中可以发现一些规律，不规则的形状一般可以表达消极的、痛苦的或者困惑的情绪；而规则的、富有韵律和节奏的形体则表达积极的、确定的、愉悦的心态。

衍生发散研究的设计灵感通常来自探索性研究或类似的其他方法，主要强调设计者通过换位思考获得用户对产品的直接体验。例如，通过对用户的观察记录，可以利用探索性研究中的用户日记研究，或者设计专门用于衍生发散研究的日记研究，来深度了解用户的行为、思考方式、习惯等。这些用户日记研究可以作为设计准备阶段的探寻方法或工具，为设计创新提供用户的直观感受参考和依据。根据用户的思维模式进行的设计衍生实验，进而创造出一些实体原型去表达产品设计与用户之间的某些情绪互动。因此，衍生发散是用户情绪在产品设计上的反馈与传递。

在衍生发散设计研究中，设计师可以鼓励和邀请潜在用户共同参与设计创作过程，用户参与性方法包括协同设计活动（使用者和设计者之间的合作过程），如创意工具包、图像或文本的卡片分类、拼贴、认知图（见图 1.5）

或其他图表练习、绘画和弹性建模。这种方式可以让参与者对设计研究人员感兴趣的领域有所了解，帮助他们进行参与性活动。

衍生发散设计研究的方法可以进一步细分成投射性和建设性两种。衍生发散设计研究的早期阶段在本质上通常属于投射性方法，侧重于让参与者表达用传统的口头方式很难表达的思想、情感和想法。此外，在设计产品的过程当中，让参与者围绕产品展开对话，这种对话参与性高，感觉舒服自在。投射性方法通常给予不确定的指示，并且采用一些发挥创意的方法，如拼贴、绘画、图表，以及围绕图像文本的活动。

一旦确定了产品构思方案，设计团队便可在产品开发的后期阶段运用弹性建模等建设性方法。设计团队可以根据现有的产品构建实体模型（见图 1.6），在此基础上，为参与设计的人员提供许多围绕该产品可增加的变量元素，这样参与者就可以根据自己的喜好和需求自由发挥来为该产品增加某些功能或属性，以此来促进该产品的改良和创新。这个阶段需要准备测试模型相关的工具箱，为参与者提供充足的概念变量工具库，以便快速组合、搭建出设计的参考模型，来表达和测试自己的想法。这样的动手操作既能为参与者提供一定的现实意义，使他们不会对如何表达头脑中的想法不知所措，同时大量的弹性模型零件又不会限制他们充分、灵活地发挥创意，并且通过可视化的表达可以使参与设计的人员坦率地发表观点。

衍生发散设计研究方法的一个重要特征是把参与设计过程中的口头讨论和过程结束后参与者对成品的展示介绍结合起来，再通过视觉补充材料和纸质材料予以分析。正如这个

创意方法的字面含义一样，衍生发散设计的重点是基于早期形成的设计概念和设计原型，为后期的评价、改善和生产做准备。

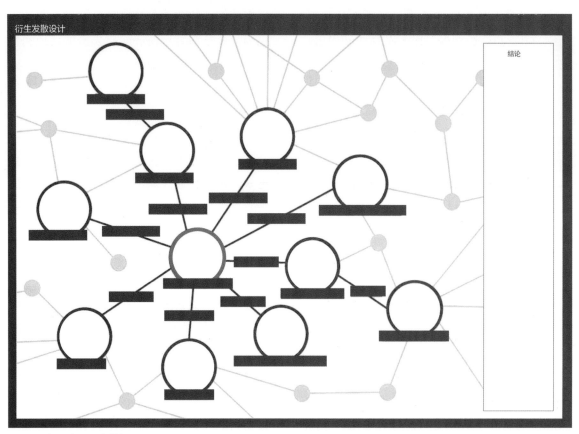

图 1.5　衍生发散设计模板

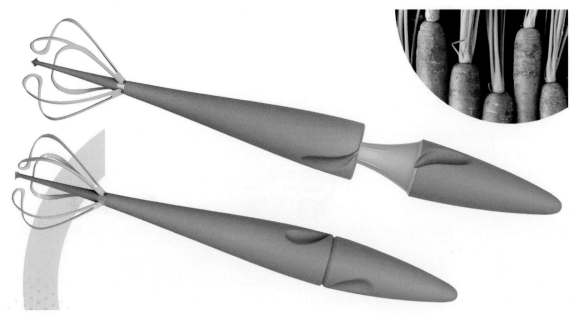

图 1.6　两用打蛋器设计，设计学生姓名：张依

1.4　模块开发

所谓模块化，就是将复杂系统分解为许多相互独立的、方便管理的模块或组件的方式。每个模块完成一个特定的子功能，所有模块按某种方法组装成为一个整体，就可以完成整个系统所要求的功能。模块化的特点包括通用化、系列化、组合化、典型化和接口规范化。在系统的结构中，模块是可组合、分解和更换的单元，每个模块可独立工作，即使单个模块出现故障，也不会影响整个系统的工作。模块化是一种富有哲理的创新思维方法，用它来分析复杂系统和解决大型问题，可使问题简化、条理分明，有助于提高解决问题的效率并获得良好的质量和效益。

模块化是现代标准化的核心和前沿，是解决产品多品种、小批量问题与周期、质量、成本之间矛盾的主要手段。如今的生产模式是大规模定制，模块化是其前提和基础。在互联网时代，模块化的创新思路符合消费者个性化的消费主张，使产品制造从以前大规模

标准化制造变成大规模个性化定制，可以满足消费者多样化的需求和帮助企业适应激烈的市场竞争。在多品种、小批量的生产模式下，模块化有助于实现最佳效益。要实现模块化，首先需要对产品特征进行分析。如图 1.7 所示，为创造系列化按钮模块设计，首先需要把其中相同或相似的功能单元或要素分离出来，然后合并、集成、统一为同一系列的标准单元或模块，最后用不同的模块构成多样化的按钮，以实现旋转、按压、提起等不同功能。

模块化创新模式是一种新型的创新模式，为用户使用产品提供更多的选择和可能，同时还可以集合多种功能产品于一个整体的体系之中（见图 1.8），因此，模块化中蕴含多种创新思维：第一，模块化创新是产品功能组合创新的最直接体现，可以实现不同功能之间的多种组合方式；第二，模块化创新迎合了个性化 DIY 的消费潮流，用户可以基于个

图 1.7　系列化按钮模块设计，设计学生姓名：蒋逸阳

人喜好购买不同的功能模块进行重组，从而组成最适合自己的个性化产品；第三，模块化创新是一种建立在开放式平台思维模式上的创新方法，为了满足用户的个性化需求，产品就要有多种多样的功能模块。

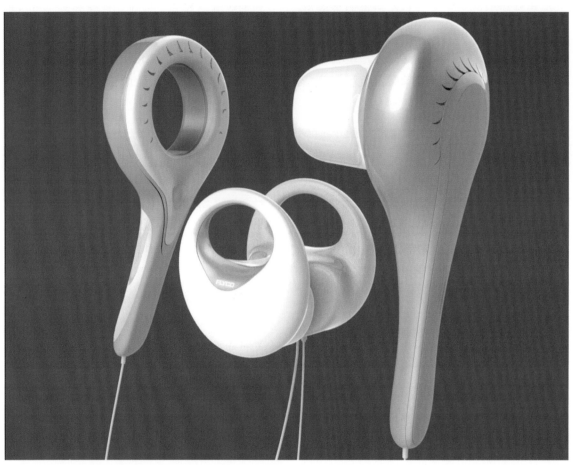

图1.8　模块化的风筒与熨斗组合设计，设计学生姓名：杨乔雯

1.5　服务磁场

随着产品服务化趋势越来越明显，消费者也从以往购买一件产品逐步转变到购买产品所提供的服务。在产品功能、结构、外观等方面已经得到一定程度的提升后，设计团队想要进一步创新，那么，目标可以定在如何提升产品的相关服务蓝图方面（见图1.9），进而带给用户更加优质的体验。通过对大量优秀的产品创意进行研究，可以发现以下几种方法能够有效地帮助设计师实现设计创新。

第一，对产品进行一定程度的预设或预处理，以降低用户的使用风险并提升使用便利性。第二，在设计体验和服务环节应该想方设法降低用户的学习成本。当前，学习成本已经成为用户使用产品时的最大门槛，同时也是防范竞争对手挖走用户的最大壁垒。第三，降低用户的使用成本。用户的使用成本包括搬运和储藏成本、维修保养成本等。降低使用成本从另一个角度来看就意味着提升产品的使用价值。第四，适当增加刻意手动化的功能模式，增加用户与产品交互时的仪式感和神秘感。第五，采取 DIY 模式，让用户参与其中、乐在其中。第六，这个方法也是有效的方法，即全心全意给用户带来超级体验。要做到这一点，一般有两种方法：一种是超越用户期望，另一种是制造意外惊喜，也就是让产品变得"不务正业"，在与功能相关甚至无关的领域，制造更多的与用户之间的情感互动。

服务蓝图可以将与服务相关的利益关系人、相关机构、行为活动加以关联，以确保服务流程中的各项行动顺利进行（见图1.10）。随着共享经济和绿色设计的普及和推广，产品的共享服务也将迎合当前节能减排的绿色发展潮流。共享服务的核心是分离产品的所有权和使用权，用户只需要购买产品的使用权，而不是产品的所有权。而且，拥有产品所有权的用户也可以售卖自己产品的使用权，从而最大限度地提高产品的利用率，降低自己的购置、使用和维护成本。

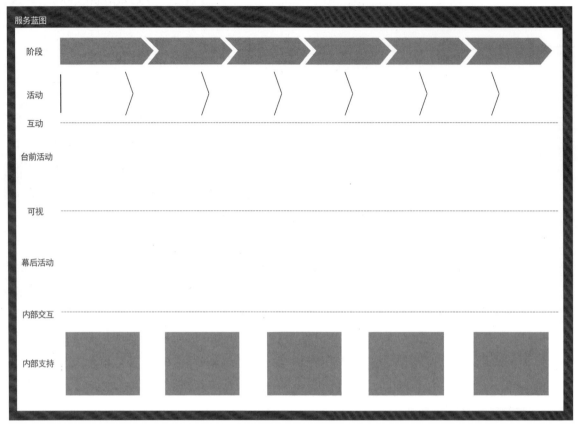

图1.9 服务蓝图模板

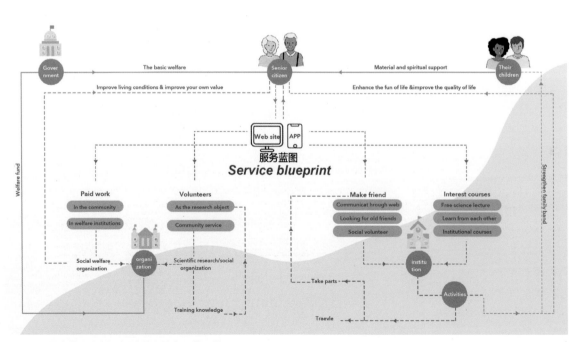

图1.10 服务蓝图案例，设计学生姓名：黄玉茹

1.6　逆反思考

逆反思考，也称求异思维，是对司空见惯的似乎已成定论的事物或观点反过来思考的一种思维方式。这个方法鼓励设计团队敢于"反其道而思之"，让思维向对立面的方向发展，从问题的相反面深入地进行探索，树立新思想，创立新设计。当设计团队为了解决某个设计项目，所有人都按照线性设计的思路朝着一个固定的思维方向思考问题时，许多设计痛点或者疑难问题会导致设计师的创意产生问题，而这时就需要一些设计师朝相反的方向去思考问题，将现有创意中关键词的反义词列出来，这样就会从中找到一些可以引发创新思路的要点。

在大多数情况下，人们习惯于沿着事物发展的正方向去思考问题并寻求解决办法。然而，对于某些问题，尤其是关乎创新的设计问题时，以已有的设计产品作为起点，往回推出设计关键词，就像图 1.11 中所提供的模板那样，再将这些关键词推导出相反的意思，反复思考并通过求解回到关注已知条件。逆反思考的方式会为设计团队提供使问题简单化或者意想不到创意产生的快捷方式。举一个例子，人们都认为金属腐蚀是一件坏事，但利用金属腐蚀原理进行金属粉末的生产，或进行电镀等其他用途，这无疑是逆反思考的一种应用。此外，比较有代表性的案例还涉及环保领域和绿色设计方面，把生活中、工业中生产出的垃圾进行逆反思考，变废为宝，不仅能减少垃圾污染，而且能反过来为设计师提供更多设计思路。

如图 1.12 所示，菲利普·斯塔特经典的幽灵座椅设计的创意灵感来源于对传统的巴洛克时期座椅的逆反思考，这种从结果反向倒推的思维方法，可以分为 3 个步骤：设定结果、反证结果、不断推演。通过设定一个要获得的目标成果，然后把结果反过来进行思考验证，不断往前推演，直至找到一些有效的方法和方式，再根据这些方法和方式去达成原来的目标。

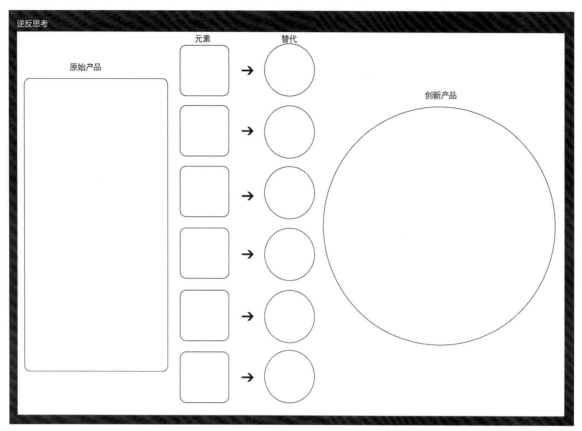

图 1.11 逆反思考模板

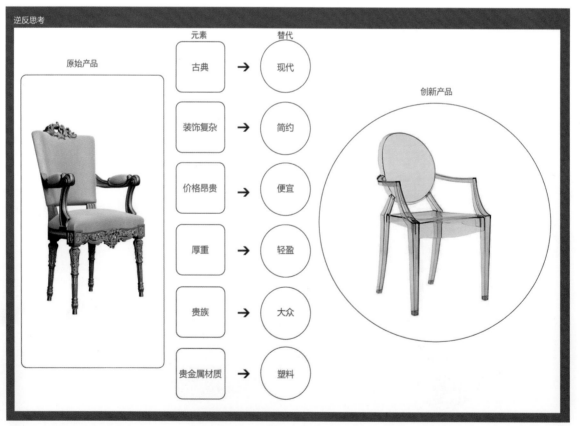

图 1.12 逆反思考设计案例

1.7 寻找寄主

有一些产品不具备独立存在和施展功能的能力，它们的产生是依附于其他产品基础上的，与其他产品共同形成一个产品，或者在其他现成产品的基础上，为其他现成产品提供多种配件并辅助其完善多样化的用户需求，这类依附于其他产品而形成的产品，常常被称为寄生产品。在设计创新的过程中，寻找寄主的思考方式可以帮助设计师提出更多对现有产品进一步完善升级的可能性，如苹果公司的每款新手机产品推出之后，市场上就会出现许多配套的手机壳产品。从功能上分析，手机壳产品可以保护手机免遭意外损坏；从用户心理因素上分析，手机壳可以为不同类型用户提供展示自身个性和喜好的空间（见图 1.13）。在产品设计思考阶段，要想利用依附原理去完成设计创新，就需要对寄生关系进行细化分析。

首先，产品之间存在功能性寄生。功能性寄生需要设计团队明确的第一个问题是，这个产品的主要功能是什么，或者说这个产品的首要任务有哪些。接下来，设计团队要确保每一个附加功能（寄生功能）都不可以与主要功能存在干涉或阻碍关系，并且还要推动主要功能朝着更符合用户需求的方向发展。寄生功能既是产品整体系统的一部分，又是一条独立的系统线，还要保证自身存在的必要性。

其次，产品之间存在相互技术支撑。产品的技术工作量往往需要与产品结构工程师共同协作完成，许多寄主产品与它的寄生产品存在许多技术上的支撑和关联，有的时候可以通过寄生产品的技术升级带动寄主产品实现新的使用功能。

最后，在主辅产品之间要注意设计语言的一致性、设计功能的传承性等因素。在设计一个复杂的产品项目时，无论是寄主产品还是寄生产品都需要遵循设计规范，以保证一致流畅的产品体验，这样也有利于建立寄主产品品牌形象。

图 1.13 依附于手机壳的药盒设计，设计学生姓名：陈妍

1.8　民间智慧

基于用户观察发现，许多设计的创意方法要早于设计师对设计问题的挖掘，而是在普通用户之间流传。为了解决现实生活中的问题，普通群众会运用聪明的智慧加以解决。因此，对于生活中的设计难点，设计师可以悉心观察民间智慧，并做出能够获得民意、民心的解决方案。当然，设计师可以在民间方法的基础上对解决问题的方式进行专业的设计改良和创新，使最终的设计符合更广泛的用户需求。

设计团队想要更好地利用民间智慧实现产品的设计创新，首先应该认真地对不同社会群体进行观察和记录，这部分的创新思路可以利用观察法、人种学研究等了解不同人员群体的民族特征、生活习性、文化信仰、爱好习惯，因为生活中许多器物、产品的使用方法会因用户的生活背景而有所不同，所以对他们生活中的小窍门需通过悉心观察和研究背后的成因才能深入了解。

图1.14是一个关于自平衡的购物车的设计，现有的购物车当所装的货物过满时，容易在上下电梯时发生货物滑落甚至砸伤周围的人。拥有自平衡功能的购物车可以有效解决这类问题，而这个产品的创意来源于一种中国唐代宫廷器物——银薰球，银薰球球体外部由上下两个半球组成，中间由合页相连，另一侧装有勾连，以便开合。球内有两个相连的圆环，环内是盛香的盂。这种香球不仅可以置于被褥之中，而且可以任意悬挂，也可带在身上，不管它如何转动，其内部都能保持水平，不会倾倒。随着这类器物逐渐转向民用，产生了许多利用该原理的新型器物，这是一个利用民间智慧在设计中不断发挥作用并且广泛运用在不同生活、生产领域的典型案例。

图1.14　自平衡购物车设计，设计学生姓名：周笑竹

1.9　奔驰法

奔驰法（SCAMPER）是一种辅助创新思维的方法，主要是通过以下 7 种思维启发方式在实际设计中辅助创新：替代（Substitute）、结合（Combine）、调试（Adapt）、修改（Modify）、其 他 用 途（Put to Another Use）、 消 除（Eliminate）和反向（Reverse）。此方法多应用于创意构思的后期，尤其在设计团队陷入一些创新瓶颈或有一些绕不过去的设计困难时，这时设计团队可以退回几步，暂时忽略概念的可行性，借助奔驰法创造出一些不可预期的创意。这个方法整合了多个独立的创意方法，不仅可以由个人独立使用去完成创新，而且可以由设计团队在头脑风暴的过程中使用去完成创新。此外，对已有的创意也可以借助奔驰法在其基础上加以拓展。

当面对一项设计创新项目时，利用奔驰法中的 7 种思维启发方式可以在很大程度上帮助设计团队解决设计问题（见图 1.15）。其中，替代是指项目中哪些内容是可以替代的，如用可再生材料替代原有材料获得设计改良；结合是指设计概念中哪些元素可以结合在一起，如通过功能叠加引发新的设计产生；调试是指设计各组成部分中，哪些元素可以进

行调整改良，或者将原有产品调整以适用于其他情况或目的；修改是指改变创意或概念，其中包含产品的形状、外观或用户体验等；其他用途是指拓展设计的其他用途，以实现一物多用；消除是指已有创意或概念中哪些部分是可以做减法的，进而实现简约化的设计目的；反向是指将设计概念往相反的方向引导，或者颠倒产品的使用顺序，也许会发生意想不到的结果。

如图 1.16 所示，利用奔驰法中的其他用途、调试和修改等方式，设计团队将对购物车进行创新设计。其中，将折叠梯子经过修改和调试巧妙应用于购物车设计之中，可以帮助儿童或身高有限的用户拿取超市高层货架上的商品，带有折叠梯子的购物车可以随时随地停下，通过联动结构在车架中抽出梯子，而且轮子上的刹车结构会确保用户在使用梯子时的安全性。与大多数创意过程相同，即使设计团队通过头脑风暴等方式已经获得了令人满意的创意，依然可以利用奔驰法来细化、推进方案。同时，为了避免可行性存在异议的概念，适当的设计评估应当在概念生成阶段进行。

奔驰法				
Substitute 替代	Combine 结合	Adapt 调试	Modify 修改	Put to Another Use 其他用途
Eliminate 消除			Reverse 反向	

图 1.15　奔驰法模板

【自带梯子的购物车】

图 1.16　自带梯子的购物车，设计学生姓名：王愫

1.10　人力开发

当今是无人化和智能化功能不断普及的年代，通过人力来代替机器和电力驱动产品，尽可能地增加产品的手动化功能的确算是一个挺另类的创新想法。如果功能设置巧妙，用人力代替自动化电力机器不仅可以节约资源，而且有的时候能达到意想不到的效果。人力操作的产品会在使用过程中给用户更丰富的体验，就像市场上已经有了自动挡汽车，但有些人还是喜欢手动挡汽车；虽然全自动相机已经在市场上普及，但有些人还是喜欢玩手动单反相机。为什么在自动化的今天，人们还是喜欢手动呢？因为一些用户在追求高效的生活、工作效率的过程中，逐渐地变得麻木，所以他们希望产品能够融入更多的情感化因素（比如趣味性、期待），在不断探索产品各项功能的过程中，获得使用产品时的成就感和满足感。

无论是在过去还是未来，人们希望将机器的功能发挥到极限，探索产品的使用效果，并从中获得更多的乐趣，这是人们追求刻意手动化的一个主要原因。另外，人力操作会让熟视无睹的普通产品再次受到人们关注，如图 1.17 中的手动音乐榨汁机，不仅可以制作果汁，而且这种通过设计营造出来手动仪式能使一个平常的产品发出美妙的音乐，让产品更有神秘感。在今天的产品设计中，有时候产品的功能并不是越自动越智能就越好，适当地增加一些需要用户手动才能完成或实现的功能，可以增加用户的参与感，会带给用户更好的体验。

为了挖掘更多的人力开发型产品的可能性，可以将多功能、一物多用的概念引入人力开发型产品，如图 1.18 中的两用食物加工工具，能

音乐播放的快慢由把手摇动的速度控制。

图 1.17　手动音乐榨汁机设计，设计者姓名：赵妍

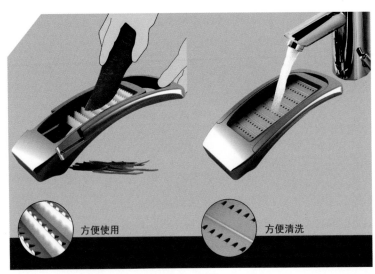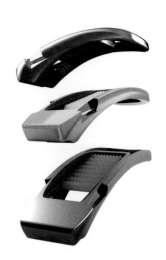

图 1.18 两用切丝器设计，设计者姓名：赵妍

提供更多使用的便利。此外，可以借助人们熟悉的 DIY 概念，将其融入设计创新之中。DIY 起源于欧美，是在 20 世纪 60 年代诞生的概念。DIY 是英文 "Do It Yourself" 的缩写，意思是自己动手做。因为在欧美国家，建筑工人薪资非常高，所以对于房屋的修缮、家具的布置，人们能自己动手做就尽量不找工人，以节省开支。但 DIY 的概念逐渐扩展到所有可以自己动手做的事物上，如自行维修汽车与家电产品、购买零件组装个人计算机等。DIY 一开始只是为了节省开销，后来慢慢地演变成一种休闲方式和发挥个人创意或培养爱好的风气，DIY 已经没有特别明确的使用范围了。但购买 DIY 产品时，用户注重的不是 DIY 本身，而是人们在 DIY 的过程中获得的满足。在今天，工业化大生产可以为人们提供任何想要的东西，但有时候人们还是喜欢自己动手做点什么。在造物过程中产生的成就感是每个人的情感上的共鸣，而且 DIY 迎合了人们亲近动手能力和创造、善于改造生活环境的天性。因此，DIY 在产品创新中让用户参与进来，的确是一种很不错的创新思路。

思考题

（1）如何运用减法设计排除设计中无用的功能？

（2）如何利用加法设计实现多种产品功能的整合？

（3）如何利用衍生发散法获得用户的情感？

（4）如何利用模块开发系列化的产品？

（5）如何为产品提升服务质量？

（6）如何运用逆反思考获得产品改良设计的思路？

（7）如何确立寄主产品与寄生产品之间的平衡关系？

（8）如何利用民间智慧实现产品设计创新？

（9）如何通过奔驰法增加设计的创新因素？

（10）如何利用人力开发实现绿色设计创意？

第 2 章
概念产品创意方法

本章要点

■　什么是概念产品设计。

■　概念产品设计与改良产品设计的区别和联系。

■　概念产品设计的逻辑思维方法。

本章引言

在学习概念产品创意方法之前，首先需要明确什么是概念产品设计，对于设计的初学者来说，他们往往将那些面向未来而设计或不成熟的、存在先天缺陷或没有投产的产品统称为概念产品设计。这种想法会导致对产品设计的理解产生偏差。所谓概念产品设计，是指可以对未来设计和众多领域产生深远影响的设计，虽然并未投入生产及并未在市场销售，但是概念产品设计的各项要求都应参照投产产品的标准执行，并为投入市场接受用户检测做好准备。虽然，对于概念产品设计的创新会更加自由，设计的限制条件会比较宽泛，但是在进行任何创新突破时，需要悉数调研相关的技术、功能、市场环境、材料等参数条件，以论证设计概念有充分的存在理由和条件，将目光投向未来设计，并提前预估用户的需求。

2.1 功能风暴

在产品设计中，设计创造可以归纳为两大类：一类是原理突破型，就是发现了新的自然规律，探索出新的技术原理，从而产生发明创造；另一类是组合型设计，这种方法不在于原理的突破，而是利用已有的成熟技术或者已经存在的产品，通过适当组合而形成新的产品。功能组合创新（见图2.1）是一种最基本的产品创新思路，其中包括同类功能组合创新、相关功能组合创新、异类功能组合创新等方式。

2.1.1 同类功能组合创新

功能组合创新有多种方式，常见的一种是同类功能组合创新。其基本原理是在保持产品原有功能或原有意义不变的前提下，通过数量的增加来弥补功能上的不足，或获取新的功能、产生新的意义，而这种新功能或新意义是原有产品单独存在时所缺乏的。同类功能组合创新并不限于对原有功能部件做简单的复制，还可以在复制的基础上进行一些创新和变异，以获取新的产品功能、新的实用意义和价值。

图 2.1 功能组合创新模板

如图 2.2 所示的这款厨房产品设计，由于烘焙蛋糕的过程非常烦琐，所使用到的工具数量也较多，在使用中频繁更换工具，使用后清洗、存放这些工具都是困扰用户较多的问题。设计师想要为烘焙的爱好者提供一个更简单、更方便操作的厨具设计，如将打蛋、盛面粉等同属一个工序中的任务融入一个多功能工具之中，而且通过工具把手末端蓝色按钮切换两个功能，那么，这样的工具不仅使用方便，而且在使用后只要通过一次清洗就可以完成清洁。

2.1.2 相关功能组合创新

这种功能组合的创新模式是将相关功能放在一种产品框架之中，虽然组合的几种功能存在较大差异性，但是它们之间在某些层面上具有一定的关联性，而且，组合后的产品会在某方面能力上较原始产品有所提升。将目标产品的相关功能试图融入其中，将更容易产生产品创新突破。

如图 2.3 所示，在日常生活中，有许多现实产品案例就是很好的相关功能组合创新的实践，如空气净化器和空调虽然在居家生活中的功能和用途有所不同，一是用来净化室内空气，二是用来调节室内温度，但是它们都发挥着调节室内空气的作用。那么，基于提升室内空气的用户体验舒适度和健康因素的共同目标，将这两个产品的主要功能组合起来，就产生了一种新产品的概念：可以调节空气质量的空调产品设计。

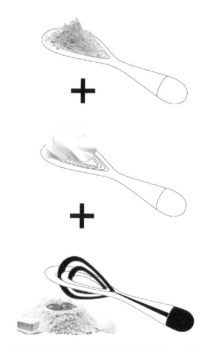

图 2.2 两用食物加工工具设计，设计者姓名：赵妍

图 2.3　两用家庭清洁助手设计，设计学生姓名：李港迟

2.1.3　异类功能组合创新

这种创新模式是异类功能组合创新，是以两个或多个事物为基础，按照一定的原理或目的进行有效组合而产生的创新方法。这种方法的特点是以组合为核心，把表面看来似乎毫无关联的事物有机地结合在一起，合多为一，从而产生意想不到、奇妙新颖的创新成果。在设计创意阶段，运用组合类创新方法可以帮助设计团队发现具有价值的创新要点，这些或是功能组合，或是结构组合，或是情感组合的创新选题，可以从根本处挖掘设计的创新。一般情况下，由组合法产生的新想法往往可以为设计团队带来颠覆性的创新。

如图 2.4 所示，假如单纯观察共享单车和公交车站，用户很难挖掘它们之间会产生哪些联系，然而，当将这两个产品带入它们具体的使用环境中后，会发现两个产品都在公共出行中扮演着重要角色。随着共享单车的普及，随意停放给公共交通带来的拥堵问题也在日益发酵。于是，设计团队想到的解决思路是，将共享单车和公交车站这两个具有不同功能的产品合二为一，利用公交车站顶部空间自动化地停靠共享单车，可以有效解决共享单车造成的公共空间拥堵问题。

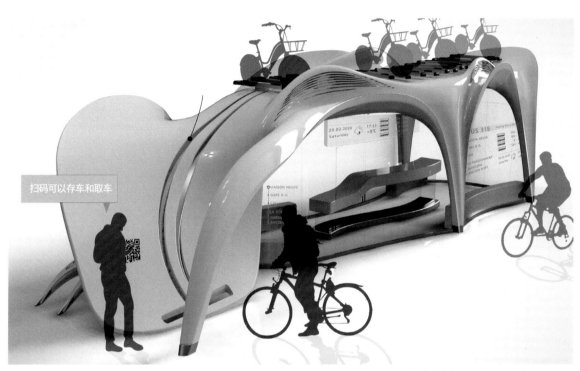

扫码可以存车和取车

图 2.4　可以立体停靠共享单车的公交站设计，设计学生姓名：苏悦

【可以立体停靠
共享单车的公
交站设计】

2.2 情感风暴

情感风暴是在组合产品功能的同时，将情感化设计的相关元素结合到设计之中，通过头脑风暴将需要创意的产品相关的功能元素和情感元素尽可能多地发散出来，然后进入组合设计法的模板之中，互相叠加并挖掘新的设计创意。情感化设计可以更好地引发产品与用户之间的共鸣感，并试图通过产品的自我叙事能力渲染产品的故事氛围和体验情境。当用户被带入产品所产生的情感磁场时，就会受到产品实用功能之外的情绪影响，如通过使用产品一段时间后获得惊喜，坚持使用产品是为了实现某种期待等，这些情感因素有的时候会产生比产品使用功能更大的购买效应，并且可以创造更好的经济价值。

情感风暴主要用于设计前期，当面对一些摸不着头脑的设计课题时，我们可以利用头脑风暴将关于设计项目的、尽可能多的设计相关元素发散出来，然后对这些元素进行分类，接下来选择两类看上去关联性较弱的元素在X轴、Y轴上列出，并进行两两相加，相加后会得到一些有趣的创意点，这些创意点可以作为设计项目深化设计方案的起点。

如图2.5所示，设计团队在对垃圾桶进行创意概念设计的时候，首先设计团队成员利用头脑风暴将自己对这次课题的想法记录在便笺上，并且在设计团队之间分享想法，再进行互相启发，这样的时间持续一个小时左右，

Part D 情感风暴和组合设计法

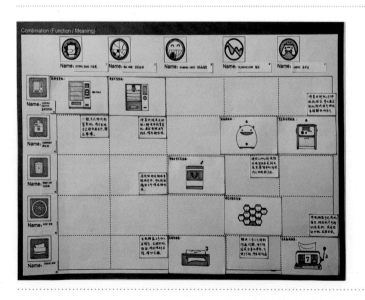

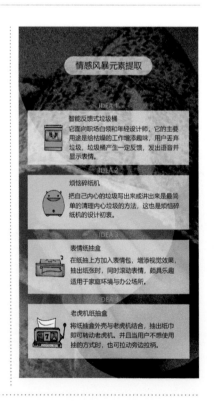

图 2.5　情感风暴和组合设计法案例，鲁迅美术学院产品设计团队

每一位设计成员都可以在别人的想法上进行补充和拓展，从而获得50～80个设计创意点。那么，在第一部分就准备好了，接下来设计团队按照情感因素和功能因素将创意点进行分类整理，再带入组合法的图板之中，获得了4个趣味性十足的创意概念。

如图2.6所示，这是一个情感化设计的作品，设计目的在于让人们的日常生活在举手投足间变得更有趣味。于是，设计团队开始将平时的生活用品列成一排，然后，收集一些可以给人们带来趣味和惊喜的点子。这个趣味纸抽盒设计中运用的情感因素是惊喜和游戏性，当用户抽出一张纸巾时，盒子屏幕上的3个数字就会转动，就像抽奖游戏一样。当3个图像相同的时候，会让用户感到惊喜和愉快，并联想到曾经给他们带来快乐的一些抽奖游戏及获取的奖品。

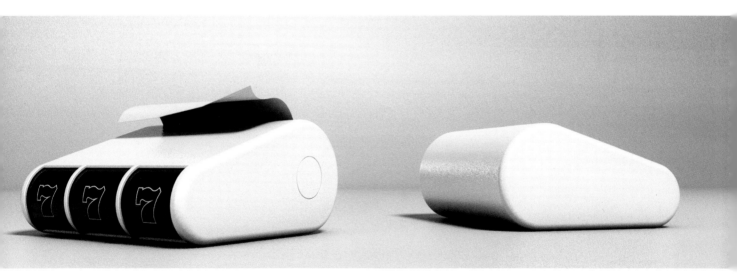

图 2.6　趣味纸抽盒设计，鲁迅美术学院产品设计团队

2.3　肢体风暴

肢体风暴是一种将头脑风暴运用在身体上的、类似表演的研究方法，通过结合角色扮演和模拟活动，激发新的设计灵感，让设计者获得进入真实产品使用情境，并建立自然的、可以体验真实场景的原型。设计团队可以建立简单的原型并进行角色扮演，让每一位参与设计人员融入真实情境之中，更全面地体验产品使用的整体过程。设计人员通过肢体风暴这种研究方法，在简单配置的或模拟的环境中亲身体验用户行为，并随着空间和场景的变化密切关注参与者做出的决定、交互式体验和情绪反应。这种方法可以在设计团队内部采用，也可扩大范围邀请同行或客户参加，并听取他们的反馈。

肢体风暴具有动态性、经验性、衍生性。传统角色扮演的主要功能是亲身体验的一种用户行为，而肢体风暴则更鼓励设计人员生成积极的设计理念、概念。除了模拟现有典型产品和环境特点的道具之外，肢体风暴还可以在活动过程中融入并测试理念及想法。活跃的情境可以激发新灵感，自然地创造出新产品和服务概念。如果过程顺利，肢体风暴可以帮助人们在模拟环境中亲身体验，并了解真实的情境及获得真实感受。

肢体风暴中的原型或道具不需要很复杂。比如，用纸板或泡沫夹芯板便可以隔出一定的空间，简单的箱子或现有的家具可以充当设备、地标或障碍物，椅子可以充当飞机或汽车座椅，桌子可以充当担架或床，照明设备也可以调整到合适的照明状态。采用故事板可以体验到部分情境，而肢体风暴在很大程度上是自发形成的，并且提倡即兴捕捉真实世界中的体验。

如图 2.7 中，学生正在就一项儿童玩具设计想法进行肢体风暴和情景模拟，通过生动的肢体传递，让在场的其他同学共同参与创意设计之中，在获得想法认同的同时也可以得到真实的反馈。

图 2.7　肢体风暴过程记录

【肢体风暴过程记录】

2.4　寻根溯源

寻根溯源法是关注设计问题的起点，在许多情况下，设计团队进行设计项目时，随着设计周期的不断推移，设计往往会陷入某些瓶颈或者因为限制性条件过多而让设计创新陷入困境。当设计团队遇到以上类似问题时，可以利用寻根溯源法，带领设计师回到设计的原点，拨开影响设计创新的表面问题，深入挖掘出设计要解决的核心问题（见图 2.8），许多看似困难的局面可以通过非线性的思考得以规避或解决。

爱因斯坦说过："如果蜜蜂从地球上消失，人类将只能再存活 4 年。"当人们第一次看到这样的推论时，会搭建蜜蜂与人类之间的关系，那么人们会发现没有了蜜蜂就没有了授粉过程，进而导致部分植物的灭绝，失去了食物的动物也就会随之灭绝。当设计师找到了导致人类灭绝的原点问题，就可以开始相关的设计了。正如乌尔姆第一任校长马克思·比尔（Max Bill）的观点认为，乌尔姆的设计思想强调产品的使用功能，而不是只为了表现形式，设计对象不是表面的产品，而是功能的实现；不是为了椅子而设计，而是为"坐"这个动作提供功能。

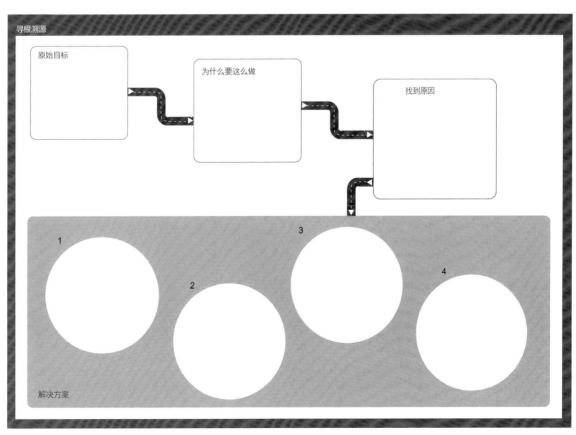

图 2.8　寻根溯源法模板

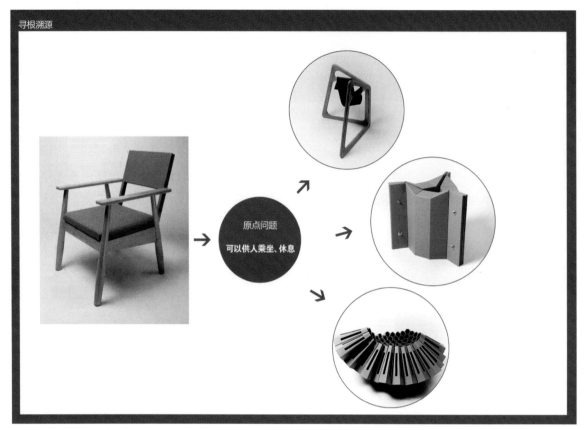

图 2.9   寻根溯源设计案例

当设计团队的设计项目是座椅时，设计团队首先需要明确的是这次的设计项目是为某企业品牌而设计的现实项目，或者是一个关乎该领域未来发展的概念设计。通过调研，设计团队发现座椅自从产生以来，其外观和形式并没有发生太大的变化，根据"为坐而设计"大赛的设计思路来分析，当我们把视角从座椅设计转为为了满足"坐"这个状态而设计，那么产品无论使用方式还是材料、结构都可以获得极大的突破。于是，用废旧纸板做的座椅、蜂窝状的曲面椅子等新奇的方案不仅可以满足人们坐的行为，而且可以拓展更多的使用方式。从这个案例可以发现，当设计师找到了正确的解决问题的方法，那么新的创意就会随之不断产生（见图 2.9）。

2.5　补齐句子

在概念设计的初期阶段，设计团队可以把对事物的认识作为设计思维的起点，因为对事物的认识不仅可以在用户和设计师之间建立起同理心，而且可以在建立认识的过程中对设计的流程、系统进行深入研究。通过对当前和过去的观察、倾听和了解，可以加深对客观事物的了解，从而避免设计团队先入为主的观念。这一过程看似枯燥且不具有创造性，随着设计团队的求知欲和探索范围不断增加，设计师更愿意通过提出问题，然后围绕问题展开调查研究，最终找到关于产品的设计思路。

在设计创新过程中，设计团队可以亲身实践体验，在轻松愉快的过程中，挖掘更多的创意和灵感。为了获得更多想法，设计团队可以利用"你问我答"的方式获得有创意的答案，而补齐句子可以帮助设计团队获得定向的设计灵感。在准备阶段，设计团队需要一份未完成的句子清单，可以由浅入深地列出句子中的题干，然后鼓励参与补齐句子的人员富有创新精神地完成这项任务。

在如图 2.10 所示的补齐句子模板中，一串问题可以提供参考句子清单，当然，设计团队可以根据不同的设计项目对句子清单进行调整。①我注意到 _____；②我看到 _____；

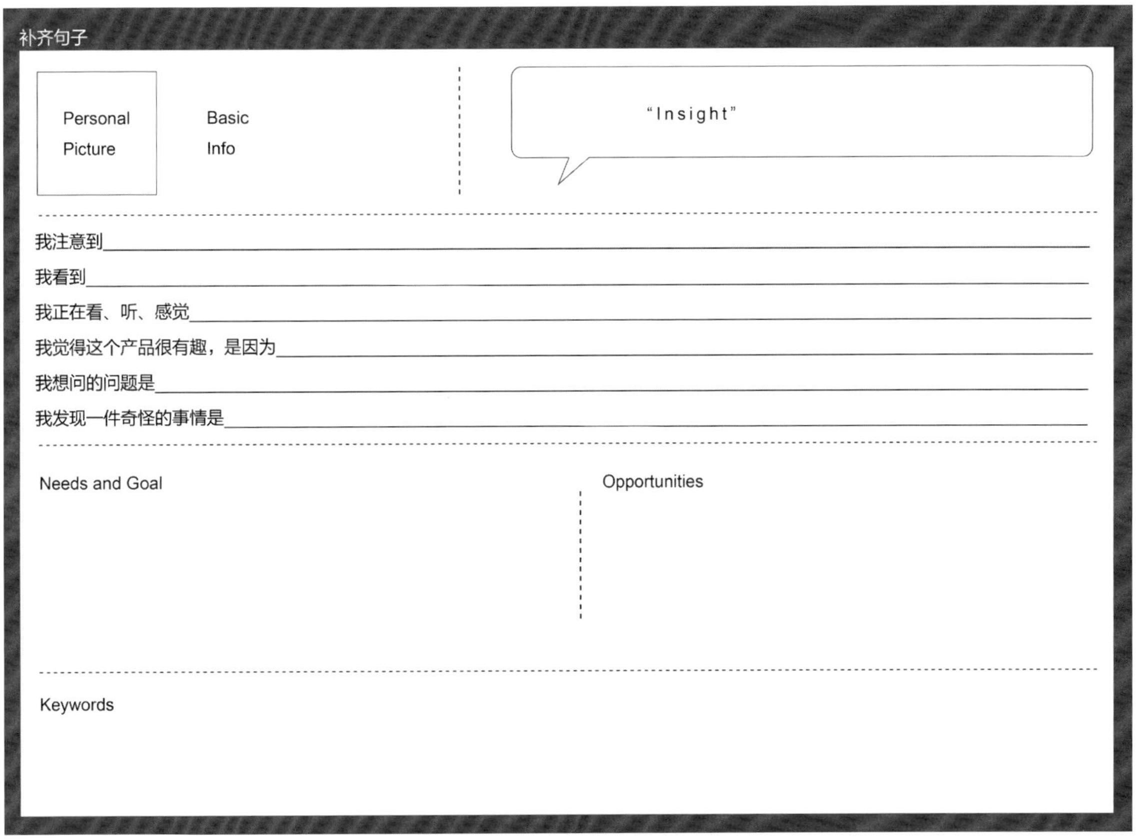

补齐句子

| Personal Picture | Basic Info | "Insight" |

我注意到_____
我看到_____
我正在看、听、感觉_____
我觉得这个产品很有趣，是因为_____
我想问的问题是_____
我发现一件奇怪的事情是_____

Needs and Goal

Opportunities

Keywords

图 2.10　补齐句子模板

③我正在看、听、感觉 _____；④我觉得这个产品很有趣，是因为 _____；⑤我想问的问题是 _____；⑥我发现一件奇怪的事情是 _____。

通过让选定的参与者完成这些句子去描述对生活中发生过的一些问题或情况加以描述，设计师可以获得许多对产品设计创新有用的信息，如在使用产品时发生过哪些难忘的经历；用户会对什么样的同类产品产生好奇心；用户为什么觉得某个产品很有趣；用户对该产品还有哪些期待和需求。

对于一些特殊用户（如儿童群体），在设置题干时，需要注意恰当的方式方法，设计团队不要一开始就把问题指向具体产品，可以加入一些儿童感兴趣的问题作为开始，这样循序渐进地提问，往往可以催生出许多新的设计想法。这些设计创意活动可以通过用户描述自己观察到的内容，进而引出一系列值得探究的问题，这些问题又可以引导设计人员进行深入研究，最终将自己所想所思用于实际产品设计的创意之中。

2.6　"5W+How-to"法

"5W+How-to"法即 What（什么）、Who（谁）、Where（哪里）、When（什么时候）、Why（为什么）、How-to（怎么做），这个方法可以用于分析不同的设计问题，通过回答这 6 个问题，逐渐向读者展示设计项目的背景。同时，这些问题还可以用于设计创新，让设计师在清楚问题、利益相关者等因素的前提下，对设计任务进行定义，并做出充分且有条理的阐述。"5W+How-to"法可以用于各种设计阶段，在设计调研、概念创新与陈述、方案展示和书面报告等方面都可以发挥重要作用。

在试图运用"5W+How-to"法分析问题之前，需要对每个提问进行拆解。在拟定初始设计问题或设计任务大纲之后，通过大量回答有关利益者相关问题，将主要问题进行拆解。What（什么）：这个设计的主要问题是什么？为了解决这个问题，已经完成哪些工作？Who（谁）：谁提出的问题？谁会是这个设计的主要利益相关者？Where（哪里）：这个问题发生在什么地方？对于设计的解决方案可能会运用在什么情境之中？When（什么时候）：问题是什么时候提出的？何时需要解决该问题？Why（为什么）：为什么会出现这样的问题？为什么要对这个问题展开设计？为什么这个问题到目前还没有得以解决？How-to（怎么做）：问题该如何通过设计来解决？解决的具体思路是什么？这些问题会根据具体的课题来更改和调整（见图 2.11）。

在获得相关的答案后，设计团队需要重新审视设计问题，将主要问题加以提取，并且不断地深入挖掘问题答案。例如，通过 What（什么）可以深入思考问题背后隐藏的问题，找出引发事件的根本问题；运用 Who（谁）尽可能地找到与该设计问题有关的利益相关者。为了更有效地找到设计创新的切入点，设计团队也可以将 6 个问题换为 6 个挑战，用于拓展思路。根

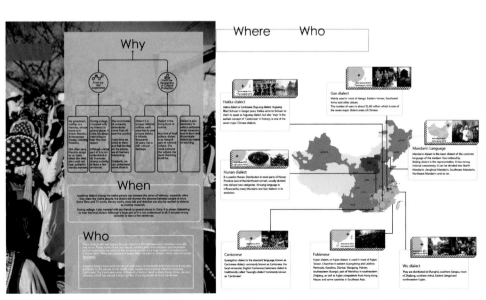

图 2.11　运用"5W+How-to"法中的 5W 陈述案例，设计学生姓名：冯子君

据这 6 个问题为有待创新的方案制定挑战清单，通过设计团队集思广益完成系列挑战清单，便可以获得许多解决设计问题的创意方案。

通过这种方法，设计师将对设计的问题及其产生的情境有了更清晰的认识，且对利益相关者、现实因素和研究中心问题的价值有了更深入的了解。同时，对隐藏在初始问题之后的其他相关问题有了更深刻的洞察（见图 2.12）。接下来，利用 How-to（怎么做）激发设计师用陈述的方式阐述设计问题并激发设计团队更顺利地生产创意。"5W+How-to"法的叙事方法可以灵活多变，其目的是可以让设计团队多角度地发散设计问题，让设计团队清晰地理解问题的解决思路，并方便互相之间运用新的想法补充设计创意。值得注意的是，在使用"5W+How-to"法的过程中需要遵循一系列原则：不要过早对解决思路持有肯定或者否定的态度，在他人试图对设计问题提出想法或解决思路时，尽量保持鼓励的态度，才能获得尽可能多的设计解决方案。通过这

个开放式提问方法可以迅速激发创造力，并方便设计师进行设计迭代。

设计团队需要明确，每一个通过"5W+How-to"法所获得的设计解决思路都与未来产品的生命周期，以及利益相关者息息相关。因此，"5W+How-to"法的准确性将对产生的设计结果有绝对性的影响。当面对一个有待解决的设计问题时，设计团队需要反复论证设计解决思路是否准确，存在的挑战还有哪些，现有的解决方案还存在哪些尚未解决的问题，然后适当调整和修改对问题的表述，并提出适当的设计定位（见图 2.13）。"5W+How-to"法适用于设计概念的初始阶段，所提出的问题相对开放，可以投入设计创新的空间也比较大。

图 2.13 "5W+How-to"法设计陈述案例，设计学生姓名：苏悦

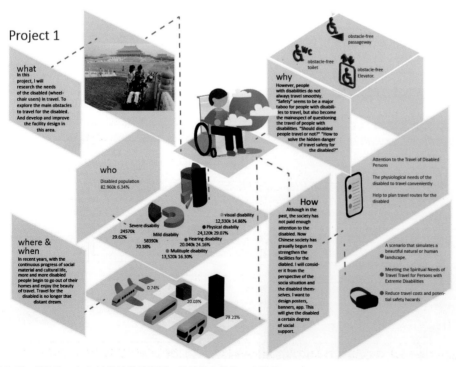

图 2.12 "5W+How-to"法设计陈述案例，设计学生姓名：李博朗

2.7 创意接力

创意接力是一种需要多人共同参与的书写式头脑风暴，常被用于创意的初期阶段，参与者需要将自己的想法记录于纸上，并依次传递给其他参与者，并加入其他参与者的新的想法，通过传递反复进行几次之后，每一位参与者都可以在别人的想法的基础上拓展出新的想法。与头脑风暴法相同，创意接力也要建立在数量就是质量这一原则基础上。在明确了设计问题和设计要求之后，创意接力可以帮助设计团队摆脱一些限制条件的束缚，完成一些本质上的设计创新。

在一般情况下，一次书写式创意接力的参与者人数应控制在 4～8 人，每一位参与者用几分钟时间在纸上写下自己的各种想法，随后将手里的纸条依次传递给身边的参与者，在一次次的接力传递过程中，新的想法和概念就会在已有想法的基础上被激发出来。其中，有一种广为人知的创意接力方法是 635 法，即有 6 名参与者，每个人在 5 分钟时间内写出 3 个想法并传递给身边的参与者，直至自己最初的想法被传递回来。依此方法，在短短的 25 分钟内，就可以产生 90（6×3×5）个新的想法（见图 2.14）。

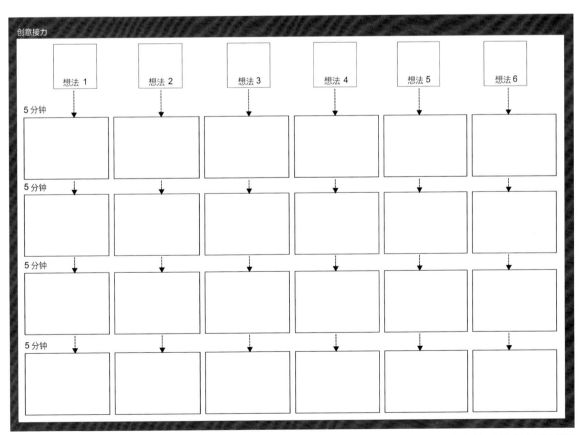

图 2.14 创意接力设计模板

图 2.15　创意接力场景图

进行创意接力的主要流程是：首先，定义设计问题。设计团队共同拟定一份设计问题说明，然后挑选参与设计创新的人员，并介绍整个设计创新的流程，其中必须包含时间轴和需要使用的创意方法。其次，从定义问题出发，发散思维。在创意接力正式开始时，先在白板上写下问题说明，并为参与者准备充足的纸张、画笔及其他可能会被使用的工具。再次，将所有创意列在一个清单中，对这些得出的新想法依次进行评估并归类。最后，设计团队需要利用聚合思维选择出最令设计团队满意的创意想法或将有可能组合的想法进行合并，并清晰描述设计项目的目标（见图 2.15）。

在使用创意接力时需要遵循以下原则：第一，延迟评判。在创意接力时，每位成员都要尽量摆脱设计"条条框框"的束缚，暂时抛开设计的实用性、重要性、成本、材料、可行性等因素。更为重要的是，不要在意其他人提出的不同想法或批评，只有这样才可以确保最后能产生大量不可预计的创新联想；同时，确保每一位参与者在相对舒适的空间中发挥想象力。第二，鼓励随心所欲地提出新的想法，并且涉及的内容越广越好。第三，鼓励参与者积极对他人的想法进行补充和拓展，通过设计团队协作产生更好的想法。第四，相信想法的数量胜过质量。由于创意接力的参与者要以极快的节奏发散出大量的想法，所以在这个阶段应尽量做到不要互相干扰。

2.8　创意工具包

创意工具包是一个集合了方便组织的物理组件的集合体，用于帮助设计团队共同参与建立参与性模型、视觉呈现或者用户创造性展示，为设计团队成员提供创意激发灵感。创意工具包中的物件包含现成品和自创元素，如许多成员喜欢利用乐高去建立想法，因为这种搭建模式符合更多人的行为习惯，可以让参与者快速投入对创意思维的表达。为了更好地表达创意，创意工具包通过隐喻、故事叙事和模拟应用来让自己的想法更加生动。创意工具包可以方便地整理参与性和衍生性设计方法中的各类零件，研究表明通过手脑结合的方式可以更加深刻地认识事物之间的联系并挖掘出更多灵感和可能。通过提供具体物品的参与性活动，设计团队成员可以创造性地表达自己的想法，阐释传统研究方法难以表达的思想、感情、愿望和情绪。创意工具包可以通过激发创造力促使创新成果产生，也可以为设计团队建立发挥建设性的推动作用。

创意工具包提供给参与者沉浸式的创意体验氛围，让参与者通过全心投入的娱乐过程，去思考设计创新的可能。设计活动的具体类别将决定创意工具包的内容。例如，界面工具包中包含可灵活安排的纸张或卡片（见图 2.16），以代表模拟或理想的网页及设备互动。拼贴工具包中包含许多图像和文字，或者设计出访查过程中可以自由理解和运用的形状和符号。绘图工具包中包含各种不同的纸张、卡片、标记笔、铅笔和钢笔，以满足参与者各种可能的需求。大型工具包中包含几种或者所有零件，以满足各种参与性设计活动的需求。

建立的创意工具包可以在参与性设计的不同环节中重复使用，但是需要在每次使用之后补充部分零件。例如，拼接工具包中的图像和单词卡片可以覆盖薄膜保护层，完成一次拼接后采用拍照的方式记录下来。这样在同样的脉络访查中，不同的参与者可以重复使用同组工具包，但需要根据每个新的题材相应做一些更改。除了针对具体活动或主题设计工具包以外，也可以组装灵活的零件，并鼓励大家参与。根据活动的范围，建立创意工具包可以采用原材料、现有零件、组合玩具或游戏等不同方法（见图 2.17）。建立创意工具包需要考虑的一个因素就是它的便携性，方便跨区域存储、运输、使用、组装及拆卸零件，尤其在许多不同的地方召开参与性设计会议时，工具包就更加实用了。

图 2.16　界面工具包情境搭建，设计学生姓名：唐丹凝

图 2.17　创意体验模型搭建，设计学生姓名：冯子君

2.9　类比思考

类比思考是由灵感源或启发性思路开始的，通过创意的方式对设计的目标领域或待解决问题进行思考的过程，设计师可以利用类比思考得到诸多启发，并衍生出新的设计解决方案。类比思考可以透过另一个领域来看待现有问题，进而激发设计师的灵感，使其找到探索性的问题解决思路。类比思考通常用于设计的概念生成阶段，通常以一个明确定义的设计问题为起点。使用类比思考时，灵感源与现有问题的关联可以很近，也可以没有明显联系，而且，联系不明显的灵感与设计任务会比较容易激发更有创新价值的想法。例如，想要设计一个办公空间的空调系统，通过类比思考，可以将汽车、飞机空调系统的设计因素融入其中，从而获得更好的创新思路；还可以调研与之更远的类比对象，如具备自我冷却功能的白蚁堆，研究白蚁堆如何实现生物制冷功能，进而研发一套可以通过生物自给自足的办公空调系统设计。

那么，想要更好地使用类比思考，首先应该收集相关的灵感源，想要得到更出色的创意想法，可以从与目标领域相关性较远的领域进行搜索（见图2.18）。找到可以启发设计的切入点之后，要再次明确找到的设计切入方向是否适合，与设计之间建立的联系是否理由充分。接下来，开始思考如何将新的创意灵感运用到需解决的设

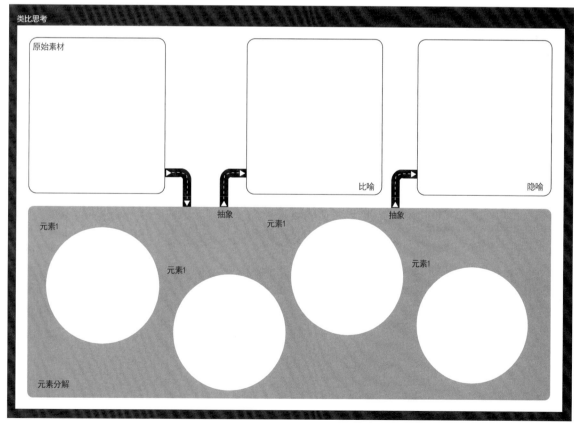

图 2.18　类比思考模板

计项目之中，在这里需要注意的是，切勿在设计时直接照搬灵感源的物理特征，在运用之前，需要对灵感源的各项属性进行评估并提取可以深入展开设计的相关元素，尝试建立灵感源与目标设计领域的必然联系，最后将所需灵感特征抽象化后应用于潜在的解决方案之中。因此，设计师是否具有良好的特征抽象化能力，是决定创意和设计启发性的关键因素之一。

在进行类比思考时，可以参照以下流程：首先，清楚地表达设计任务和需要解决的设计问题，并且明确表达想通过新的设计方案为用户带来哪些新的收获和用户体验。其次，开始收集能够为该设计提供启发的各种事物，这些事物最好和设计目标没有明显的联系。最后，尝试将寻找到的事物或者元素加以应用，注意要提取已有元素之间的关系，理顺处理灵感的来源逻辑（见图 2.19）。在建立设计与灵感的关系时，需要将灵感素材抽象化处理，并在合适的领域通过变形与转化解决设计问题。

图 2.19　通过类比思考设计的水龙头产品草图，设计学生姓名：陈妍

2.10　愿景陈述

在针对具体设计项目进行创意收集时，很多时候用户的建议将是决定产品改良与创新的关键因素。假如，可以在设计调研阶段发现用户对产品使用的痛点问题，就会对产品的改良设计带来更多思路；如果可以通过用户调研挖掘到用户对产品的某些期待，那么，在近未来或者更远的未来阶段，这将成为产品革新的重要突破。愿景陈述法可以给用户提供轻松、自由的空间去畅谈对产品的期待和更多的需求。当产品的经验用户或者潜在用户通过叙事的方式将对产品的看法娓娓道来时，设计师可以通过记笔记或录音（录像）的方式进行记录，但是单纯地记录是很难获得实用的设计信息的。所以，对用户的反馈信息进行有效的整理和提取，将通俗的语言转换成与设计有关的关键词，可以帮助设计团队通过关键词联想来获取创作灵感，并实现设计创意（见图 2.20）。

假如在用户访谈中，你的用户向你抱怨："每次清理厨具的时候，就在暗下决心下一次不再做烘焙食品了，因为清洗这些厨具会花费大量的时间和精力。而且，许多因一时兴起购买来的食品加工工具，慢慢被作为无用的垃圾淘汰掉，非常可惜。"对于这段用户的体验信息，设计师可以通过关键词提取法来将信息转化为以下设计元素：烘焙工具设计、一物多用的设计、方便清理、用户体验、产品寿命与持久耐用性、多功能产品开发等。对于这些关键词，设计师可以通过思维导图分别对关键词进行创意发散，并在发散信息之间建立联系并为设计定位做出充分的准备。

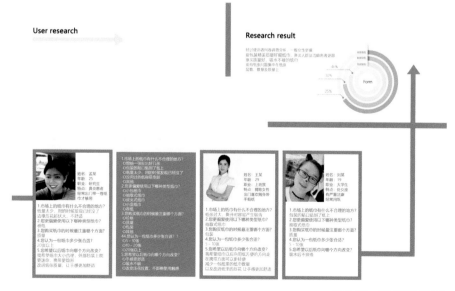

图 2.20　愿景陈述样式 1

对于概念设计的定义依然可以通过愿景陈述的方式，让设计团队和用户通过讲故事的方式更加生动地获取设计的意图和有待解决的问题。在未来设计阶段，愿景陈述是设计师要重点掌握的一个思维工具（见图2.21）。马可·赞马拉托在观察到讲故事在设计过程中经常作为沟通工具而不是真正作为一种创造性工具之后，提出了工作室叙事设计——通过故事进行设计的想法。为了加深对叙事的理解，并以创造性的方式使用它，设计团队可以开发一个创意工具包，帮助设计师建立故事。一旦设计师按照设计任务确定与故事情节相关的角色和基本元素，就应该充实故事内容，将它们转化为叙事结构，这是讲故事最具挑战性的方面之一。正如大部分文学作品所具有的叙事性一样，在文学叙事过程中，作者要想表达自己的情感与观点需要3个主要词性，即名词、动词、形容词。这些词性会根据一个故事的逻辑进行组合。这个方法可以作为集思广益和设计新想法和解决方案的路线图。故事中的每一个元素都代表了项目中一个关键的或者有问题的元素。设计师可以试探每个元素，确定可能的解决方案。

图 2.21　愿景陈述样式 2

思考题

（1）功能风暴可以分为几种可能？

（2）如何在头脑风暴中加入情感因素？

（3）如何使用肢体风暴营造设计团队的创新气氛？

（4）为什么寻找问题的根源更加重要？

（5）通过补齐句子可以获得用户的哪些信息？

（6）"5W+How-to"法可以用在设计的哪些环节？

（7）简述创意接力和传统头脑风暴的区别与联系。

（8）创意工具包可以收集哪些物件帮助创意发散？

（9）如何进行类比思考？

（10）如何通过用户访谈获得用户的愿景和期望？

第 3 章
用设计探测未来

本章要点

- 寻找未来设计弱信号。
- 虚拟产品替代现实产品计划。
- 产品设计材料创新。

本章引言

对于产品设计而言，设计创新的线索可以从过去、现在、未来 3 个不同的情境中探测与挖掘。然而，设计的视角和目标要面向未来，设计师所关注的新科技、新材料、新趋势等都可能在未来 5 年、10 年、15 年，甚至更远的时间后发挥作用，通过设计的方式为人类创造更理想、更高效、更舒适、更人性化的生活和生产环境。那么，探测未来与之相关的思维方法就有了更深刻的意义，将对未来的探测放置在当前环境之中，也可由点及面地启发现代设计在各个领域的创新与发展。

3.1 未来之轮

未来之轮是拓展思维导图的一种视觉思维工具，当设计项目的主题需要一些变化因素时，可以利用未来之轮开启一次关于近未来设计主题的创意之旅。未来之轮可以将对未来机遇的预测运用于目前需要创意的设计项目中，在不清楚信息之间关系时可以用于激发灵感，产生创意观点和概念。这种方法是一种形象地表达头脑中信息的非线性方式，使设计团队可以综合、解释、交流、存储和检索信息。由于大多数人的思维方式很少是线性结构的，而且面对复杂问题时不会采用彼此孤立的简单方法，因此未来之轮可以反映设计团队考虑复杂项目的过程。

如图 3.1 所示，未来之轮的创意方法会有一个中心词，这个中心词会是设计项目的核心问题或者目标解决问题。然后，进行第一轮的信息发散，随着设计团队共同拓展出第二轮、第三轮，甚至第四轮的信息时，设计团队会随之发现这些信息已经形成自己的关系网，而且在外围的信息会更接近创意，当设计团队尝试将外围的具有创意的信息相互连接组合时，一些接近项目创新方案的关键点就会浮现出来。

作为一种通过信息和图画来拓展设计的方法，在未来之轮形成之后，设计团队需要识别图

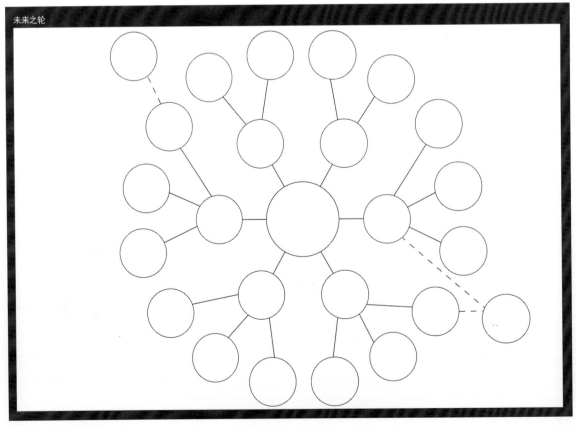

图 3.1 未来之轮模板

中的主题与各部分之间的关系，并提取这些信息中的关键词，然后把这些外围的关键词和主题进行关联，形成某个具有新意的设计解决思路（见图3.2）。在进行信息拓展时，应多鼓励参与创意的人员使用尽可能简单的单个词语、名词词组、常见符号、图标、手绘图像组成相互关联的信息网。这些可视化线索可以把未来之轮变成一种辅助记忆工具，使设计团队对如何获得信息及信息的脉络印象深刻，这样的方法有利于设计团队发现某创意缺乏可行性时，可以返回上一级信息或者原点去寻找其他可行的创意。

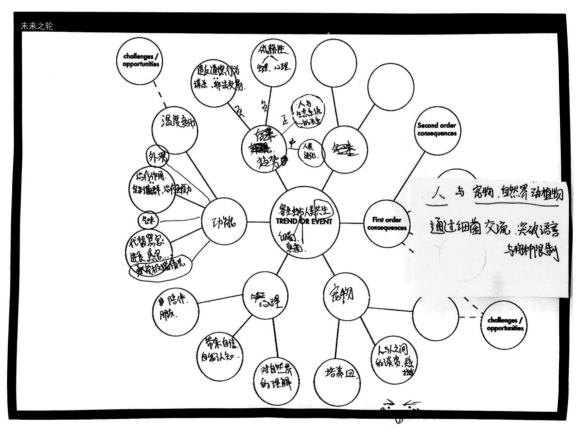

图 3.2　未来之轮创意发想记录

【未来之轮创意
发想记录】

3.2　探测信号

在进行未来设计探测之前，设计团队需要了解清楚当今设计中的聚焦问题：绿色设计、社会伦理、包容性设计、情感化设计等。这些问题统统围绕产品设计实践展开，其中绿色设计的目标是如何使产品对环境的影响降到最低，包容性设计和情感化设计帮助企业开发包容性、关爱性的产品，并且协助产品设计师在工作中对伦理道德等社会发展问题进行深层次思考。这些问题会伴随着人类社会的发展，将变得更加复杂，并不断从局域性问题转向全球共同性问题。

在图 3.3 中将设计的未来探测分为 3 个阶段：未来的 1～3 年为当下设计阶段，未来的 3～5 年为近未来设计阶段，未来的 5～20 年为未来设计阶段。然后，设计团队进行网络和实地调研，将找到的典型新闻事件用图卡进行记录，并贴在图的相应位置，图中的 X 轴的两端是地方性和全球性，表示典型新闻事件会发生在全球范围还是只在某些地区存在；Y 轴的两端是强信号和弱信号，表示典型新闻事件在今后会产生的影响范围。根据图卡所贴的位置，设计团队就可以清晰地发现哪些事件会对未来世界产生巨大影响，进而找到设计的方向。

未来的产品设计会发生什么样的变化？是否会像科幻电影中的情境，因受到人工智能或者生态环境急剧变化而向不可思议的方向发展？然而，产品设计与日新月异的科技发展有着密不可分的联系，在对未来探测的过程中，人们可以确信的是，未来的产品会更好地为人类服务。换言之，相对于不断更新发展的产品和技术，设计师改善用户与产品关系的需求却始终未变，而这一需求正是驱动产品设计与创新的根本动力。在探测未来信号的过程中应鼓励设计团队成员共同参与其中（见图 3.4），在探测未来的弱信号时，要把握和判断可以产生创新的要素，这样，设计团队便可以清楚未来的发展方向了。

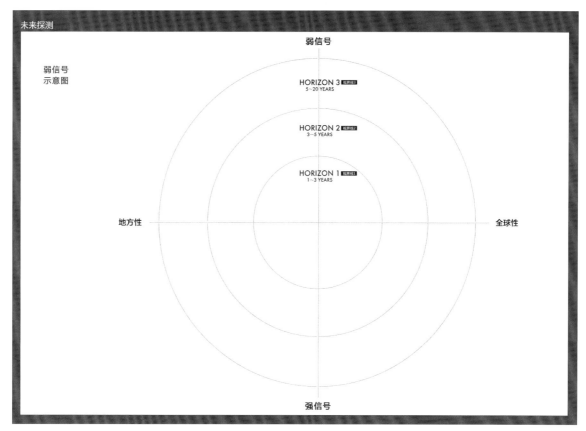

图 3.3　未来探测方法模板

图 3.4　探测未来信号制作过程记录

3.3 人工智能

人工智能为设计带来许多新的发展契机。自动化和智能化是人工智能的突出特征，与其说人工智能是一种产品功能创新方法，倒不如说它是产品功能创新所追求的一个终极目标。首先，自动化是指不需要用户参与和动手操作的，只需要用户输入一个指令，产品就可以自动实现相关的功能；其次，智能化是指不需要用户输入任何指令，产品凭借以往对用户使用经验和行为数据的积累及自学能力，自动地在合适的时间为用户提供针对性的功能和服务。

进入人工智能时代，产品设计的发展重心将完成从技术向设计观念的转变、从功能向情感传递的转变、从需求向品质的转变、从实体向虚拟化的转型、从索求向主动提供服务的转变。伴随每个时代的变革，都有与之相符合的设计理念，在人工智能时代，不断革新的设计趋势将会重构人们的生产力结构、工具设计、生活模式，甚至还会影响用户的心理反应及设计师的思维模式。根据人工智能时代产品设计的发展需要，面对新的设计课题与挑战，如图 3.5 中所讨论的线上旅游项目，其中所涉及的设计知识可以拓展到不同的学科领域之中。产品设计师需要具备整合多学科知识的能力，掌握全新的设计流程、思路，敏锐更新自己的发展路线，制订适合的设计应对方案，运用思维优势与人工智能共同工作，将日益复杂的问题简单化、标准化、清晰化。

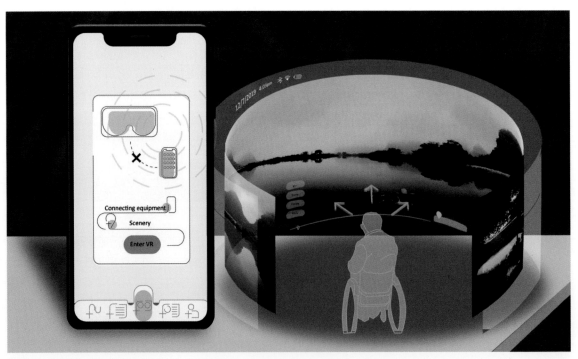

图 3.5　虚拟现实的在线旅游项目 1，设计学生姓名：李博朗

随着物联网技术的迅猛发展、传感器技术的日趋成熟、计算机芯片存储和运算功能的突飞猛进及大数据和云计算的快速普及，智能化已经不再是一个遥不可及的梦想。如图 3.6 是人工智能语言学习项目产品设计，在产品功能自动化和智能化创新方向每前进一小步，都是用户体验升级的一大步。对传统产品进行人工智能化升级改造，已经成为产品创新的一个重要方向。

某企业家说："未来的世界，所有制造商生产的机器，它们不仅会生产产品，而且必须会说话和思考。机器不会再由石油和电力驱动，而是由数据来支撑。未来的世界，企业将不再会关注规模、标准化和权力，而会关注智能化、敏捷性、个性化和用户友好等服务。"人工智能正在层层深入现代生活的方方面面，并

且为特殊人群提供更加灵活和多样的设计服务（见图 3.7）。人工智能时代主要影响集中于三大领域："智能工厂""智能生产""智能物流"。美国麻省理工学院的温斯顿教授认为："人工智能就是研究如何使计算机去做过去只有人才能做的智能工作。"因此，人工智能的主要任务是完成以往需要人类智力才能胜任或者依靠人类难以完成的困难工作，如 2014 年，在商汤科技创始人汤晓鸥当时所在团队的努力之下，机器人脸识别的准确率达到 98.52%，首次超过人眼。

在传统的工业生产中，设计师运用所受训练、技术、经验、视觉与心理感受，为产品的功能、材料、结构、形状、颜色、表面加工工艺等方面赋予新的质量和规格（国际工业设计协会）。在未来，人们可以利用人工智能

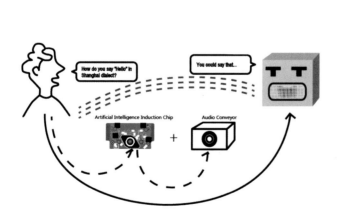

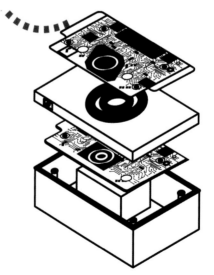

图 3.6　人工智能语言学习项目 1，设计学生姓名：冯子君

学习更多技能，如图 3.8 所示，传统的语言文化也可以通过 app 方便地进行学习和传承。如今的设计领域出现了更加复杂和具有挑战性的项目，数据驱动的自动计算过程将逐渐取代设计师的许多技能，如基于人工智能设计美学和大数据驱动的排版引擎 Duplo（杭州深绘智能科技有限公司团队研发）可以接手设计师的基础工作，其智能程序通过 20 套案例版式扩展到 2000～6000 套更为细分的排版模板。通过模板智能程序，可以为不同信息内容、不同设备、不同屏幕尺寸提供最合适、转化效果最好的阅读排版。今后，基础的、重复的设计工作是可以交由机器来完成的，从而提高设计效率。

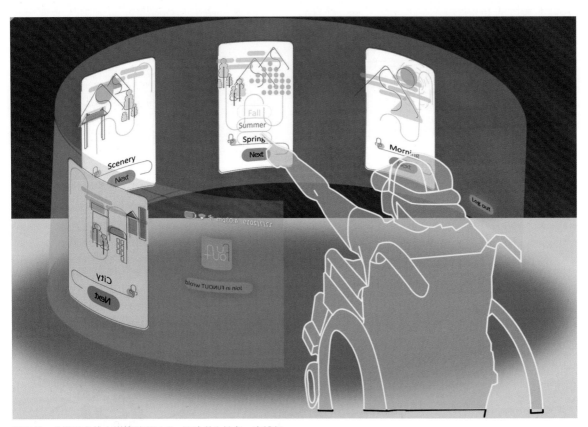

图 3.7   虚拟现实的在线旅游项目 2，设计学生姓名：李博朗

图 3.8   人工智能语言学习项目 2，设计学生姓名：冯子君

3.4 现实虚拟化

面向未来的设计，将再次拉近现实产品与虚拟产品的距离，现实产品虚拟化依然是未来设计发展的重要机遇。这里所指的现实虚拟化，是指用新的科技手段与人工智能将原有的实体产品用虚拟化的方式延续该产品原本的功能。面对未来时代，新的用户需求和市场环境激发着产品不断地融合、整合，并用虚拟化的方式更加便捷地为用户提供使用操作体验，因此，现实虚拟化可以作为实体产品改良与创新的重要方法。以手机 app 为例，扫描仪、卡片照相机、计算器、MP3 等许多曾经具有现实外壳、体量、功能、人机交互的产品已经变成了虚拟应用程序融入智能手机之中，在发挥原有功能的基础上，让这些产品跟随着手机随时随地发挥其功能。

除了 app 可以为许多实体产品提供现实虚拟化的机遇（见图 3.9）之外，随着人工智能、虚拟现实技术的逐渐成熟，虚拟化产品为设计创意思维提供了重要的思路和创新依据。第四次工业革命所带来的是产品从实体向虚拟化的转型，人工智能可以为现实产品虚拟化提供源源不断的内在驱动力。除了使原始实体产品轻量化、便携化之外，人工智能的价值不仅在于使原有功能得以更大范围地拓展，在不同产品和功能之间自动获取资源并建立联系，而且会根据不同用户和需求主动提供个性化的服务。

虚拟化的产品的另一个优势在于，可以在线完成自我功能更新和升级。与实体产品被动提供更新换代不同，虚拟产品的升级服务很多时候是在用户发掘痛点之前主动提供的。此外，虚拟产品获得用户反馈的渠道更加多元化和高效，可以通过线上多种平台与产品服务人员建立更加直接的联系。虚拟化设计可以作为现有产品改良与创新是除传统设计方法之外的重要补充。需要注意的是，虚拟化设计与科技发展息息相关，离开了技术与编程的支持，虚拟化设计的可行性就会受到限制（见图 3.10）。

图 3.9 高保真 UI 界面案例，设计学生姓名：冯子君

图 3.10 UI 设计案例，设计学生姓名：燕禹卓

3.5   材料革命

新的材料与技术可以作为未来产品创新的重要方向，尤其是环境友好型和再生材料的更多运用，解决现有产品设计中的问题，是值得产品设计师不断探索的课题。本节内容将围绕产品设计中经常使用的材料展开，着重解释材料的属性、材料制造过程，以及材料成型的技术和方法。产品设计相当于利用合适的材料，利用合理的技术创造理想产品的过程。在选择材料的过程中，需要考虑诸多相关因素，如产品的功能与特征、产品的使用环境与极限条件，还有附着于产品表面的材料所反映出的质感。此外，在设计材料选择的过程中，设计师应意识到材料对环境的影响，使用可循环的、环境友好型的材料，有益于产品拆卸和回收的材料，具有极大的社会和经济价值的材料是未来产品设计发展的重要促进因素。再者，材料的质感、触感、透明度、硬度或吸光率都会影响消费者对产品的感知和使用，这些材料质感的细节也同样决定着产品的价值（见图3.11）。接下来会介绍产品设计中经常使用的材料，帮助设计师了解不同材料的属性和使用情况等。

绿色复合材料预示着未来用户需求和社会生产的需求方向。传统的复合材料是指由两种或两种以上材料混合而成的工程材料，常用于劳动密集型产业，可以增加原始材料的强度，但要注意其在生产过程中有时会产生影响环境的因素。常用的复合材料包括：蜂巢结构，主要以铝和玻璃纤维为原料，具有质轻而坚硬的特点，多用于建筑结构性材料；玻璃钢，主要由热固性的塑料和普通的聚酯树脂制成，相比普通玻璃更加结实，而且具有较强的可塑性；碳纤维，一种由碳纤维纱线编织而成并混合树脂制成的片状材料，具有非常理想的强度，经常使用在高性能产品之中；层压材料，将材料叠层粘压制成，如合成木就是一种常见的层压材料，有许多木片叠压而成；人造橡胶，一种高分子聚合物，由大量微小的结构单元重复排列组成，具有良好的弹性。

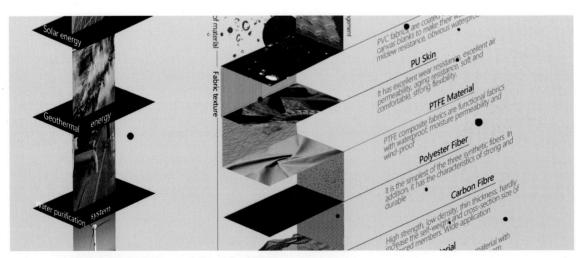

图 3.11　关于户外帐篷的材料调研，设计学生姓名：陈斯祺

未来材料设计作为一个独立的设计学科，将设计与材料开发更加紧密地联合在一起，与材料紧密相关的另一个因素是产品的加工工艺。产品的制造可以理解为将原始材料加工成完整的零部件，然后将零部件组合成功能性产品的过程。在过去，设计师经常与工程师发生冲突，主要原因在于产品开发过程中设计师缺乏对设计生产制造流程的跟进和知识储备，最终导致工作效率低下。制造的过程包括复杂的流程和方法，设计师调研并学习制造方法、产品装配流程、选择材料（见图3.12），以备和制造商协同合作。现代的产品设计开发强调设计师与工程师共同参与设计制造，共同分享概念和数据，并随后在产品的制造和装配中并行设计。

思考题

（1）畅想未来对当下设计的意义有哪些？
（2）如何探测可以改变未来设计的弱信号？
（3）人工智能对设计产生哪些创新影响？
（4）如何利用虚拟技术实现设计创新？
（5）材料创新对设计的意义是什么？

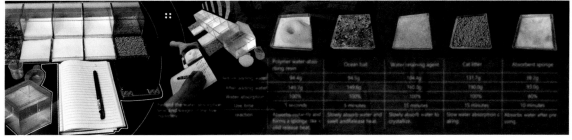

图 3.12　关于临时小便器的吸水材料调研，设计学生姓名：苏悦

第4章
用创意改变现状

本章要点

- 在设计中寻找自然法则。
- 通过再生设计找到设计的创意。
- 在拼贴中获得设计的灵感。
- 将设计植入系统，找到与设计相关的因素。
- 用不同的手绘表现方法获得设计的突破。

本章引言

在上一章中，介绍了5种与未来息息相关的设计创新方法，是应用未来的技术与趋势作为创意的切入点。同时，设计创意的线索隐含在过去、现在和未来之中，设计师仍然可以聚焦过去和现在，找寻创意线索，运用创意思维方法，改善现有产品。本章介绍从当下挖掘创意的方法，包括学习自然、再生设计、设计拼贴和灵感涂鸦来找到设计思路、从系统开发中寻找不足，从而改进设计，鼓励设计师在放眼未来的同时也要立足于当下。

4.1 学习自然

在产品的创意思维方法中，学习自然是指产品借鉴或模仿大自然中的生物，包括动植物等自然组成部分的外观、结构、功能、配色等特征，通过提取信息对产品进行创造性的应用与研究。学习自然并非一味地模仿自然界的表象，作为设计项目，产品将根据自身的需求有条件地汲取动植物等事物的内在特征，并根据用户需求不断改良和更新原始灵感。将从自然界提取的元素应用于产品设计之中，这种设计可以分为具象仿生设计与抽象仿生设计两种。所谓具象仿生设计，就是以自然形态为素材，对其进行模仿与夸张，得到具有艺术观赏性的产品外观形态。具象仿生设计的产品外观形态比较容易被大众接受和欣赏，虽然所模仿的自然形态本身就具有美丽的外形，但是在审美和意境及设计隐喻的打造上，却缺乏较深层次的理解。具象仿生设计在家具、生活日用小商品领域的应用非常广泛，因为这些产品的造型、功能往往比较简单。

相对于具象仿生设计，抽象仿生设计的灵感也源于自然，但这种仿生设计超越了自然。它不是简单地模仿自然物的外形，而是以自然界中的素材为基础，对自然形态的整体或局部特点进行适度的夸张、减弱、变化、提炼、归纳等，然后用简洁的形态要素表现出这些事物的神态，如图 4.1 所示，从小鸟形体中抽象出的个人出行工具外观设计。抽象仿生形态在主观感受上具有联想和隐喻功能，因此在现代仿生设计中，一些高、新、精、尖的产品更适合用抽象仿生的设计手法。

总之，自然界的生物形态和颜色纹理一直是产品创新设计的灵感源泉，自然模仿设计体现了人类对人与自然和谐共生这个哲学命题的不断思考和认知（见图 4.2）。需要注意的是，无论具象仿生设计还是抽象仿生设计，都不仅可以模仿自然界事物的表象元素，而且可以运用设计创新方法挖掘更深层次的自然界中的素材，如通过了解不同生物在生态系统中的生存方式去构想未来人与自然的新型共生、发展方式。德国设计师克拉尼说过："在几乎所有的设计中，大自然都赋予了人类最强有力的信息，我所做的无非是模仿自然界向我们揭示的种种真理。"自然界中万物的形体、功能、结构、颜色、表面肌理、生存智慧、生产方式等都可以作为激发设计师灵感的原始动力，这也是人们倾心于自然元素的原因。

图 4.1 基于抽象仿生形态的个人出行工具外观设计，设计学生姓名：蒲骥宇

图 4.2 基于植物形态的水龙头设计，设计学生姓名：陈妍

4.2　再生设计

研究表明，每年有数百万人死于污染，这使得污染成为造成人类疾病和死亡的主要环境问题。即使各国在努力治理污染，污染仍然对人类赖以生存的地球造成巨大的危害。那么，设计师需要开始思考如何通过降低设计对环境的消耗来改良和完成设计创新，于是，再生设计为降低设计成本提供了行之有效的思路和方法。所谓再生设计，具有两重含义：其一是设计本身的再次利用，即产品完成了其使用寿命后，可作为其他用途的产品继续为用户使用，如将盛装过外卖的塑料包装盒改造成花盆来种植植物，实现塑料制品的重复利用；其二是用再生的材料去设计产品，在不影响产品发挥各项功能的前提下，减少生产成本和不可再生材料的消耗，如阿迪达斯就与 Parley for the Oceans 合作，推出了几乎完全由海洋塑料垃圾为原材料的环保概念球鞋，这些球鞋平均每双耗费 11 个塑料瓶，而鞋带、鞋垫、鞋跟等部分也都是由回收而来的废弃塑料加工制成。

再生设计可以理解为可持续设计的一种方式，图 4.3 中的案例是对红酒包装再利用的设计。世界环境与发展委员会对可持续设计定义如下：在不损害后代满足自身需要的能力的前提下，满足当前需要的发展。在设计新产品时，公司和产品设计师都可以提倡使用绿色材料。他们可以设计出尽可能减少浪费和能源消耗的产品。设计师所设计、销售的产品都应该对地球的健康有益处，通过这些行之有效的绿色产品设计策略，产品设计始终贯彻可持续发展理念，这样人类就会有一个可持续的未来。再生设计的一大优势在于可以延长产品的使用寿命。延长产品生命周期的设计是设计绿色产品最有效的方法之一，可以优化产品的整个生命周期。每件产品的生命周期大概分为 4 个阶段：制造、运输、使用、处置。每个阶段都给设计师提供了避免浪费、减少能源消耗的创新机会。所以，当设计产品时，设计团队需要考虑到产品的整个生命周期，在生命周期的每个阶段都得考虑可持续发展。

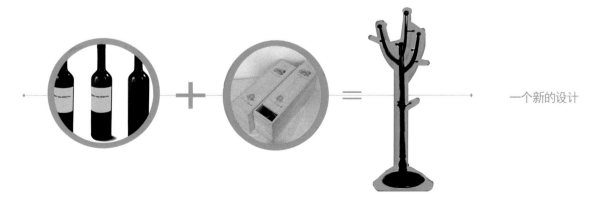

一个新的设计

图 4.3　红酒包装的再生设计，设计学生姓名：蒲骥宇

在检查产品的生命周期时，需要考虑以下所列出的几个问题：其一，获取原材料需要消耗多少能源；其二，组装产品需要消耗多少能源；其三，把产品运送到零售点还是运送到消费者家中，哪一种更节约能源；其四，产品自身将会消耗多少能源；其五，产品生产过程中会造成多少浪费；其六，产品在使用寿命结束时能否被回收或重新利用；其七，产品所使用的材料是否可以生物降解。以上这些问题都可以通过图 4.4 的生态设计清单依次检查并给出对策。一般来说，消耗的能源或产生的废物越多，对环境的影响就越不利。这些能源消耗巨大的地方也是设计团队有机会改善的地方。绿色产品设计不仅意味着可以避免使用有毒化学材料，而且尽可能选择可回收材料，产品的制造、运输和运行也会影响产品的可持续性。为了寻找设计解决方案，在产品的整个生命周期里设计师都要努力减少浪费和能源消耗。

再生设计的思路可以在产品设计流程最初的问题分析阶段使用，多数情况下，在此阶段设计师已在脑海中具备基本产品概念。此方法既可作为设计启发，也可作为设计评估，依据定性研究所得数据及设计师个人对这些数据的理解，挖掘怎样设计才能使产品引导用户关注能源效率、产品生命周期及产品报废回收方法（见图 4.5）等问题。对通过再生设计改良后或创新后的产品，设计团队需要再次评估，以确保新产品的各方面均可以达到原始方案所设计的功能。

图 4.5　快递包装的再生设计，设计学生姓名：赵良元

生态设计清单				
概念层面/需求分析	**产品零部件层面/材料和零部件的生产技术**	**产品结构层面/内部生产**	**产品结构层面/产品分销**	**产品结构层面/产品应用**
新概念开发 产品非实物化/共享使用/功能整合/功能优化	选择低环境影响的材料 清洁/可再生/低能耗/循环使用/可回收材料	优化生产技术	优化分销系统	降低产品在使用阶段对环境的影响
	减小材料使用量			
产品系统层面/回收和处理		优化产品初始生命		优化报废系统

图 4.4　生态设计清单模板

4.3　设计拼贴

从表面上看，拼贴就是用剪刀分割出碎片，再用胶水将碎片拼合在一起。但实际上，在剪贴之前，艺术家需要四处收集可用的材料。想要完成一副拼贴作品，可能需要历经很长的收集过程。对于设计师而言，通过素材的选择与整合，结合主观经历与回忆，就能够形成独一无二的拼贴作品，进一步帮助其灵感转化。面对一些陌生的设计项目时，设计师需要边进行调研边寻求创新的思路。然而，有的时候没有适合的创意、缺乏丰富的灵感，设计师会将思维局限在创作之中。而设计拼贴在艺术设计与日常生活中无处不在，通过不同领域的嫁接置换行为都可称作拼贴。

拼贴利用剪报、广告画、摄影相结合的方式，将残破、琐碎的元素进行嫁接，将不同质感的画面、强烈色差和画风的对立营造出奇妙的立体空间感，其实，体现了天马行空的想象力的包装下是对构图搭配能力的考验（见图 4.6）。首先，拼贴创作需要参考许多优秀作品，学习和模仿优秀的作品，逐渐将心、脑、表达方式一起提高，不断积累生活中的元素，使生活中的任何事物都可能成为灵感来源的对象。其次，拟定一个主题，从碎片化的素材中挑选出与设计主题最契合的元素。元素素材可以来源于网络、照片、书籍、杂志、海报，只要符合主题的需求，都可以拿来用。最后，将挑选出的元素进行糅合、重组、叠加，使其具有可观的叙事性。

接下来，设计师需要明确如何糅合、重组和叠加各项元素，让拼贴作品产生叙事能力

图 4.6　设计拼贴制作过程，设计学生姓名：侯佳琪

（见图 4.7）。糅合，拼贴的技法是多元化的，它可以通过不同的表现技法和材料将不同的元素糅合于一体，将人的创造力和想象力发挥到极致。将基础的手绘表现方式和图片表达相互结合，能使整个画面效果更加生动活泼。重组，设计师通过想表达的主题，打破原有形态，重新组合，使原有的元素形态产生新的变化和特点。叠加，可以分为不同元素的叠加和相同元素的叠加，相同元素的叠加会给观看者以压迫感；不同元素的叠加会根据主题气氛营造出自由的叙事性。

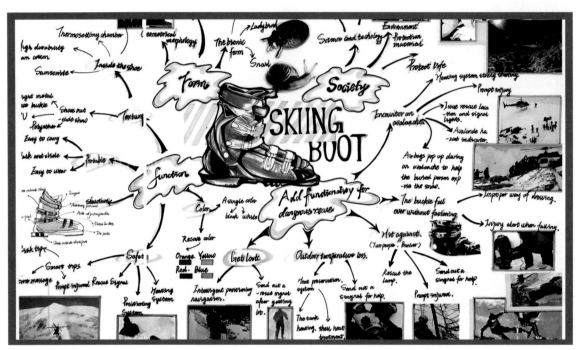

图 4.7　设计拼贴案例，设计学生姓名：苏悦

4.4　系统开发

系统化设计思维可以促使设计师思考的点不要仅局限于眼前的容易实现的目标，要努力从当前的局面中跳出来，将设计放置在宏观市场环境下去审视设计概念的价值，以及与其他相关产品之间的联系（见图 4.8）。在进行系统开发时设计团队需要注意以下要点：系统化的思维方式；收集和处理信息；评估优先级，定义范围；合作；合理假设，弥补缺失；总结存档触发点。从以上信息中可以对产品和设计概念进行系统化分解，每个局部的改良或创新都有可能改变整个产品，并能够重塑产品的价值。

产品是企业向顾客销售的东西。产品的系统开发始于发现市场机会，止于产品的生产、销售和交付，由一系列活动组成。从投资者的角度来看，在一个以盈利为目的的企业中，成功的产品开发可以使产品得以生产、销售实现盈利，但是盈利能力往往难以迅速、直接地评估。通常，可从 5 个具体的维度来评估产品开发的绩效。

产品质量（Product Quality）：开发出的产品有哪些优良特性？它能否满足顾客的需求？它的稳健性和可靠性如何？产品质量最终反映在其市场份额和顾客愿意支付的价格上。

产品成本（Product Cost）：产品的制造成本是多少？该成本包括固定设备和工艺装备费用，以及为生产每一单位产品所增加的边际成本。产品成本决定了企业以特定的销售量和销售价格所能够获得的利润。

开发时间（Development Time）：团队能够以多快的速度完成产品开发工作？开发时间决定了企业如何对外部竞争和技术发展做出响应，以及企业能够多快从团队的努力中获得经济回报。

开发成本（Development Cost）：企业在产品开发活动中需要花费多少？通常，在为获得利润而进行的所有投资中，开发成本所占比重较大。

图 4.8　宠物献血 app 的系统开发，设计学生姓名：江若琪

开发能力（Development Capability）：根据以往的产品开发项目经验，团队和企业能够更好地开发未来的产品吗？开发能力是企业的一项重要资产，它使企业可以在未来更高效、更经济地开发新产品。

在图 4.9 所提供的模板中，5 个维度上的良好表现将最终为企业带来经济上的成功，但是其他方面的性能标准也很重要。这些标准源自企业中其他利益相关者（包括开发团队的成员、其他员工和制造产品所在社区的人员）的利益。开发团队的成员可能会对开发一个新、奇、特的产品感兴趣。制造产品所在社区的人员可能更关注该产品所创造就业机会。生产工人和产品使用者都认为开发团队应使产品有较高的安全标准，而无论这些标准对于获得基本的利润是否合理。其他与企业或产品没有直接关系的个人可能会从生态的角度，要求产品合理利用资源并产生最少的危险废弃物。

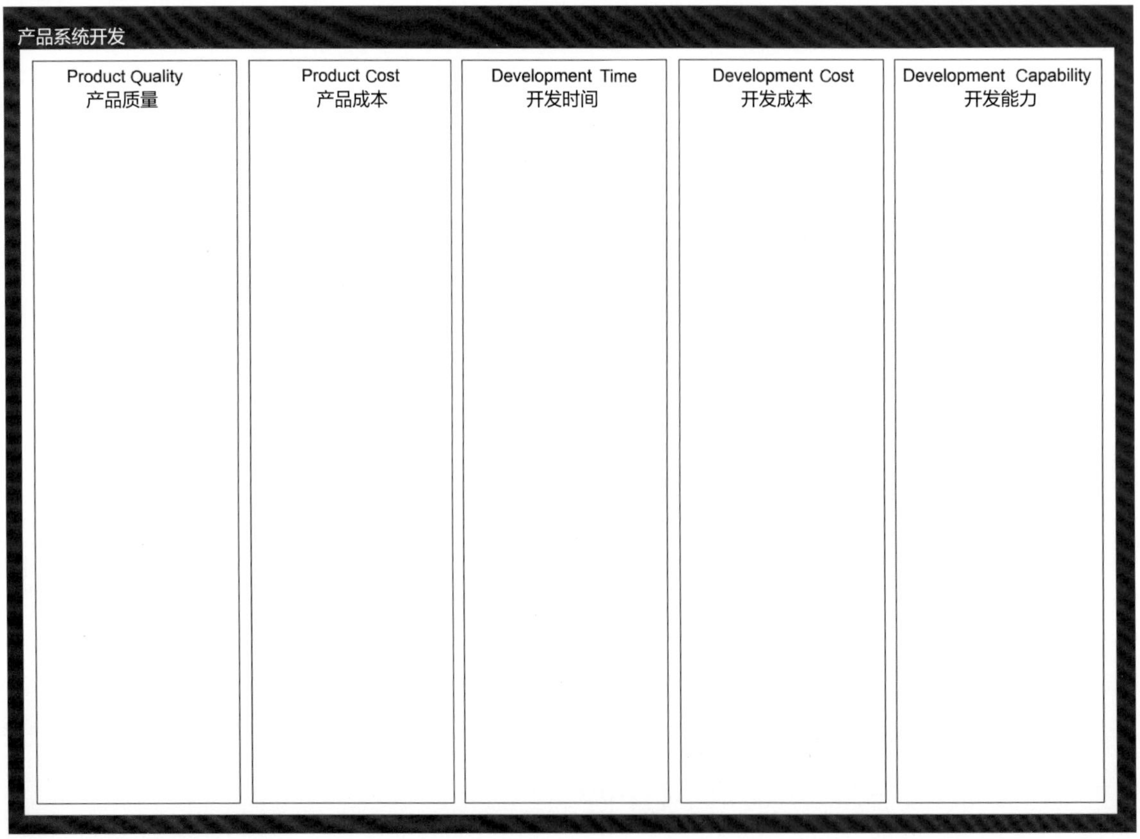

产品系统开发

Product Quality 产品质量	Product Cost 产品成本	Development Time 开发时间	Development Cost 开发成本	Development Capability 开发能力

图 4.9　产品系统开发模板

4.5　灵感涂鸦

涂鸦作为一种艺术表现形式，可以使用的素材包括三维立体场景、各种写实或卡通的人物、事物等。涂鸦可以在任何可称为画布的材料上进行创作，很多时候艺术家可以在公共的墙面上创作大众艺术，然后配上艳丽的颜色可以产生强烈的视觉效果和宣传效果（见图 4.10）。那么，如何利用涂鸦艺术来启发产品设计的灵感和思路呢？首先，涂鸦可以用于许多跨界的设计之中，在产品设计概念的初始阶段、设计原型的推敲阶段，涂鸦可以让设计师跳出原有的固化思维，有的时候在原始设计草图的基础上，加入一些有趣味的涂鸦，可以启发团队从不同的角度看待设计。

其次，涂鸦的创作素材日益丰富，如在涂鸦作品中可以加入许多现成品，刨去这些物品原有的功能与含义，将其作为一种素材融入画面，也可以启发观看者对这些现成品的重新思考和定义。此外，许多数字媒体技术的介入，可以让涂鸦的表现形式从二维向多维延展，无论是创作的工具还是媒介都将发生变化，这种情况也会拉近产品设计与涂鸦艺术的距离，让涂鸦在设计中的用途得到拓展。

思考题

（1）如何从自然中找到设计创意的思路？
（2）再生材料对设计的可持续化有哪些意义？
（3）如何利用拼贴寻找设计创意？
（4）产品系统开发包含哪些具体流程？
（5）如何利用涂鸦寻找设计创意？

图 4.10　灵感涂鸦设计案例，设计学生姓名：赵良元

第 5 章
产品创意流程

本章要点

- ■ 选择适合的课题并展开课题评估。
- ■ 创意的发展过程与创意筛选。
- ■ 通过逻辑思维进行创意汇报。

本章引言

创意的生成要以设计流程作为土壤，每一个设计项目的顺利进行，都需要设计团队进行周密的计划并不断调整和改进的设计方案。在不断推进设计从一次物化到二次物化再到设计迭代的进程中，设计创意会发生在不同的节点中，然而设计团队无法预知创意产生的具体环节或时间。不过，通过实践可以证实的是，如果设计团队给出了相对明确的设计目标和设计定位，对于设计创意的评估和选择也就有了明确的目标，那么，从发散思维向聚敛思维的过渡就会更加顺利。

5.1 寻找原因

在进行具体设计项目之前，设计团队需要明确一个重要问题：为什么会选择这个课题？假如设计团队中的每一个人都可以清晰、条理地回答此问题，那就代表设计团队对课题已经有深入的理解，一切建立在理解基础上的进程才会对设计起到促进作用。寻找原因的出发点不是为了达成某个具体目标，而是为了找到足够的理由来让设计团队坚信这个课题的必要性，如许多时候，设计师想要开始一个设计项目的理由非常简单，他们或是在自身经历中发现某些有待解决的问题，或是通过每日的信息交流，获得他人所遭遇的问题，以此作为设计的缘由，开始尝试相关研究并开始设计。在决定要开始一个课题之初，设计师应被鼓励多与他人交流设计意图，尤其是与一些陌生人进行交流，这样有利于设计师获得对设计意图的客观评价，然后使其根据这些或支持或反对的评价，来避免做出一厢情愿的设计。

除了可以自由选择课题的情况外，更多的时候，设计师会接手一些企业、公司给定的项目和课题。当设计师无法快速建立起与课题的共鸣时，他们可以借助两类问题来建立共鸣，即为什么、如何来延展或缩小课题框架，通过不断的提问，有助于设计团队共同理解课题的背景。与此同时，提问的内容还可以进一步拓展使用"5W+How-to"法来提问，即为什么会做这个课题？在做这个课题之前，已经有许多相关的产品产生，为什么还要做这个课题？这个产品的目标用户会是什么人？用户们为什么觉得需要一个新的设计？这个项目会持续多久，什么时候可以产出新的设计成果？设计出的产品会用于何时何地？假如将产品进行推广，可以使用什么媒介或方法？设计团队将如何执行设计方案？解答类似这些问题时，设计团队也可以真正加深对课题的理解，并找到开展设计思路的方法（见图5.1）。

首先，设计团队需要找到和理解设计的原因，然后对设计潜在的问题做出分类：第一类是简单型的、定义明确的问题；第二类是模糊型的、定义不明确的问题；第三类是复杂型的、棘手型问题。对于简单的问题，可以快速制定出解决思路，但是解决方法可以有所不同。然而，日常生活中到处充斥着的都是模糊型的问题，对于这些问题，解决的思路不只有一条，可以运用的方法也会更多。根据经验，只有找到问题的原因，才能更快速地解决问题。对于棘手型问题，真正的问题都会隐藏起来，所以设计团队可能就定义问题这一项任务进行多轮迭代，通过反复理解找到解决问题的答案。在解决不同问题时，反复使用什么问法可以扩大或缩小解决问题的范围，进而做出创意产生的框架（见图5.2）。

图 5.1 课题介绍，设计学生姓名：江若琪

图 5.2 课题选择的原因解释，设计学生姓名：陈斯祺

5.2　网络调研

在找到设计的原因后，设计团队将所面临的设计问题划分为所属的类型。面对要解决的问题，设计团队可以先借助网络调研来了解项目的背景、现有产品的情况、用户的需求情况、未来所面临的趋势、技术条件对项目的影响、项目所面临的挑战等。在接下来的设计调研任务中，网络调研与实地调研要配合使用，设计团队在考虑设计经费和设计时效等问题时，需要充分利用网络调研的优势，同时制订好实地调研的各项计划。

网络调研可以帮助设计团队进一步加深对设计的理解，并更好地解读用户是否对现有产品已经产生某些不满或产生了新的需求（见图5.3）。结合线上平台使用的各种用户调查问卷可以高效率地收集用户对目标产品的信息，通过答案整理和数据可以证实设计师是否获得真实的用户体验反馈。此外，通过网络调研获取的产品信息，设计团队可以通过点子板、愿景板、卡片分类法、思维导图、用户日记等方式记录、收集，并通过团队焦点小组讨论，将这些记录转换为具体的设计需求，并结合实地调研和真

实体验来论证这些需求的必要性。

网络调研可以快速获得市场和竞争企业的相关信息，如图5.4所示为对MUJOSH品牌的市场调研，具体可以包括4种渠道。其一，利用搜索引擎进行检索。利用所有与产品相关的关键词和应用设计师喜爱的搜索引擎搜索竞争对手信息。收集国内竞争对手的方法，可以利用百度、新浪、搜狐等搜索引擎。其二，访问竞争对手的网站。竞争对手的网站会透露竞争对手的当前及未来的营销策略。其三，收集竞争对手网上发布的信息。在互联网上日益增多的信息中，商业信息的增长速度是最快的。调研者在考虑这些信息对企业的时效性时，应该注意它们的时效性和准确性。其四，从其他网上媒体获取竞争对手的信息。

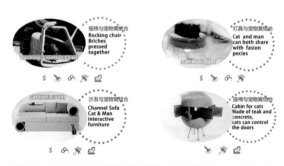

图5.3　关于宠物家具的网络调研，设计学生姓名：郭津宏

图5.4　关于MUJOSH品牌的网络调研，设计学生姓名：燕禹卓

5.3　课题叙事

课题叙事是阐述产品设计观点的环节，可以放在设计之初，用于理解设计的目的，也可以放在产品概念成熟后，用于传达设计的理念，引起用户的关注和共鸣。产品设计的意义在于提高生活质量，它同时也是一种商业行为，以保证企业生产与销售的产品足以吸引、打动和取悦消费者。未来，产品设计的边界将逐渐消失，会与许多设计领域有所交集，如家具设计、平面设计、交互设计、服务设计、工艺制造等，所以，不同领域的研究方法和设计表现形式也会为产品设计提供参考和帮助，用以解决复杂的设计项目。

在开始设计任务之前，设计团队应该留出足够的时间去弄清设计任务是什么，如图 5.5 所示，学生为了明确设计主题，通过讲故事的方式把废旧塑料瓶的再利用程序和回收再利用所面临的困难用叙事的方式传递，进而让读者了解废物回收流程中所存在的问题。在进行课题叙事时，要注意所讲故事的冲突性和转折，以确保故事可以吸引听众，以获取听众的共鸣。在接受企业或者委托方的设计任务要求清单之后，设计团队应该认真梳理并结合调研的结论，重新进行设计概念陈述，力图简化和分类设计清单，并试着提取关键词。

通过概念阐述（见图 5.6），首先应明确的是设计团队下一步要设计的项目属于以下 3 种类型中的哪一类。第一类是常规产品设计，在设计中需要达成的每个目标都被详细地描述出来，设计团队只要根据要求进行设计与开发就可以基本完成设计任务；第二类是改良产品设计，设计师根据要求大纲对现有产品的某些方面进行开发和再设计；第三类是创新产品设计，这类产品的开发难度比较大，要求设计师在非常规的语境下，设计与创造全新的产品。接下来，在产品设计师明确客户的诉求，以及掌握与最终用户、制造商、项目经理、工程师等人员沟通交流得到的关键信息之后，就可以开始向产品设计概念构思、原始草图创作、细节推敲、模型与原型产品制作的进程转化了。

图 5.5　废旧塑料瓶再利用的课题叙事，设计学生姓名：王铭萱

图 5.6　关于临终服务项目的概念阐述，设计学生姓名：孙玉萱

5.4 课题评估

课题评估可以利用 SWOT 评估法来快速探测设计概念的可行性。SWOT 评估法能够帮助设计师系统地分析设计概念和项目在市场中所处的形势，并依据分析成果制订战略性的实施方案。该评估法可以应用于设计概念形成的早期阶段，常用于有目的地推向市场的现实产品开发，这个评估法的初衷是帮助设计团队和服务企业快速为产品找到自身定位，并在此基础上做出相应的产品设计计划。SWOT 中 S 代表 Strengths（优势），是组织机构的内部因素，具体包括有利的竞争态势、充足的财政来源、良好的企业形象、技术力量、经济规模、产品质量、市场份额、成本优势、广告攻势等；W 代表 Weaknesses（劣势），是组织机构的内部因素，具体包括设备老化、管理混乱、缺少关键技术、研究开发落后、资金短缺、经营不善、产品积压、竞争力差等；O 代

表 Opportunities（机会），是组织机构的外部因素，具体包括新产品、新市场、新需求、外国市场壁垒解除、竞争对手失误等；T 代表 Threats（威胁），是组织机构的外部因素，具体包括新的竞争对手、替代产品增多、市场紧缩、行业政策变化、经济衰退、客户偏好改变、突发事件等。在 4 个评估元素中，S 与 W 代表所服务企业的内部因素，而 O 与 T 则指的是产品所处市场的外部因素。SWOT 评估法与市场环境息息相关，其中评估外部因素的目的在于了解企业及其竞争者在市场中的相对位置，从而帮助企业进一步理解如何进行内部分析。

SWOT 评估法的优点在于考虑问题全面，是一种系统思维，而且可以把对问题的"诊断"和"开处方"紧密结合在一起，条理清晰，便于检验。如图 5.7 所示，从 SWOT 评估法的

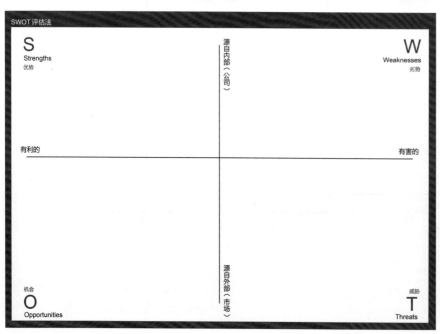

图 5.7 SWOT 评估法模板

表格结构不难看出，此方法非常简洁直观。然而，SWOT 评估法分析的质量取决于设计师对诸多不同因素的深刻理解，因此设计师十分有必要与一个具有多学科交叉背景的团队合作。在执行内部和外部分析时，需要注意一些问题。在进行外部分析时，可以通过回答以下问题进行分析：当前市场环境中的重要趋势是什么？人们的需求是什么？人们对当期产品有哪些不满意？什么是当前流行的文化趋势？竞争对手都在做什么？外部分析所得结果能够帮助设计师全面了解市场、用户、竞争对手、竞争产品或服务，分析公司在市场中的机会及潜在的威胁。在进行内部分析时，需要了解公司在当前商业背景下的优势和劣势，以及相对竞争对手而言存在哪些优势和不足。内部分析的结果可以全面反映出公司的优点和弱点，并且能找到符合公司核心竞争力的创新方案，从而提高公司在市场中取得成功的概率。

使用 SWOT 评估法的初衷在于分析。然而，设计师感兴趣的是如何能从确定的搜寻领域中得出有前景的创新想法。因此，可以结合搜寻领域方法综合推理得出产品创新的战略方向。将调查得出的各种因素根据轻重缓急或影响程度等排序方式，构造 SWOT 评估法矩阵。在此过程中，将那些对服务企业发展有直接的、重要的、大量的、迫切的、久远的影响因素优先排列出来，而将那些间接的、次要的、少许的、不急的、短暂的影响因素排列在后面。课题评估过程记录场景如图 5.8 所示。当设计团队确定产品设计目标之后，也许会发现服务企业内部的劣势可能会形成制约该项目的瓶颈，此时则需要投入大量的精力来解决这方面的问题。将 SWOT 评估法所得的结果条理清晰地总结在 X 坐标轴、Y 坐标轴之中，并与团队成员及其他利益相关者交流分析成果。许多设计团队的设计师会对机会存有疑虑或找不到思绪，此时要明确，机会绝不会从天上掉下来，可以尝试从威胁中寻找机会，把劣势转化为机会可以帮助企业突破发展瓶颈。

图 5.8 课题评估过程记录场景

5.5　实地调研

实地调研可以获得产品的一手资料，一般也可以配合网络调研进行，为设计师提供因真实的使用体验而获得的信息。对于一个新的设计项目来说，无论是熟悉还是陌生的课题，设计团队都需要进行多次的实地调研。实地调研的内容可以包括用户调研、产品体验、产品使用环境调研等。对用户的调研可以围绕用户观察和用户访谈来展开；对于产品的实地调研可以包含对目标产品的实地体验及对相关产品的调研；对于产品使用环境的调研需要设计团队对产品所处的生产环境、销售环境、使用环境、回收再利用环境等逐一进行调研。总而言之，无论以上哪一种调研，与相关人员的面对面交流是获得详细信息的最有效方式。

设计师需要与不同用户群体沟通，可以通过走进和贴近用户的生活方式进行调研和沟通，同时，在沟通过程中，设计师要注意建立同理心，尤其是对于弱势群体或者隐私群体，要尽量避免引起用户敏感的话题或反感的提问方式。如图5.9所示，设计师在与患者进行沟通和访谈，以获得一手的用户信息。这样才能获取用户使用产品的行为过程及使用产品的情境信息，以及用户对产品的想法。许多时候，设计师在实际询问之前，心里其实对一些问题早有答案。然而，设计师为了避免这些答案与实际不符，就需要踏踏实实地完成真实的、广泛的用户调研。

具体实地调研应注意以下方面。其一，提问。访问者提出好的问题，好的问题是高质量调研的第一步，并定义核心问题及提出没有歧义的问题，需要通过关键词搜索，才能得到更加准确的结果（见图5.10）。其二，逻辑脉络。如果从一开始能够构建一个清晰的逻辑脉络，再做调研，会更加高效。比如使用思维导图，先写纲要，指引调研过程。其三，信息的可靠性。网络上的信息量非常大，其中不乏很多不实的内容。因此，可靠的信息来源是优质调研的基础，实地深入的研究并获得一手研究资料显得尤为重要。其四，表达。当调研的问题与答案形成完整的闭环，调研结果的语言表达也非常重要，用简单最好是可以引起共鸣的方式、语调来表达，让设计团队内部、服务企业和潜在用户能快速理解。

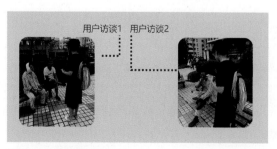

图5.9　实地调研过程记录

图5.10　实地访谈结果汇总

5.6　设计定义

产品设计的过程是一次解决问题的过程，在解决问题之前，设计师首先要明确是否在正确的轨迹上着手于解决正确的问题。因此，寻找并设定正确的设计目标是问题得以解决的重要前提。设计目标与定位往往应用于设计调研的末端，当一个设计目标被界定时，也意味着目前市场上对此类产品存在问题的解决方案和产品不够理想，并为设计的改良和创新提供发展契机。这个阶段的到来，预示着正式的设计创新和实践将拉开帷幕。

如何逻辑清晰地解释你的设计目标或者设计定位？回答以下 10 个问题可以让你接下来的设计思路更加清晰：第一，这个产品主要解决的问题是什么？第二，谁会成为目标用户？第三，与当前环境相关的因素有哪些？第四，目标用户的需求和期待是什么？第五，这个设计中会存在哪些影响进展的负面因素？第六，产品将如何工作，功能将如何使用？第七，产品的竞争优势是什么？第八，产品设计中运用了哪些设计语言？第九，产品的预期市场容量有多大？第十，产品是否对环境产生影响，包括产品的生命周期、回收问题、废物处理、量产的能源利用情况等。如图 5.11 所示，将以上 10 个问题所得到的答案整理成结构清晰、条理清楚的文字或图片信息，便可以得到设计定位了。

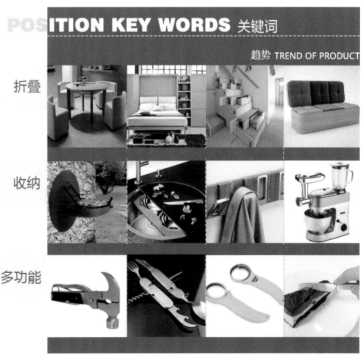

图 5.11　关于组合式产品的设计定位，设计学生姓名：杨乔雯

当设计团队对设计问题有了深入的了解后，在设计定义阶段不仅可以描述设计的目标，而且可以创建出一套相对具体的设计摘要（见图5.12），从中让设计团队和企业明确设计的具体实施计划和所面临的机遇和挑战。在创建设计摘要时，可以吸收设计团队和企业的不同意见，最好收集来自交叉学科的见解，最后通过迭代，对解决问题的陈述达成一致。以下6项内容可以构成一个完整的设计计划框架。第一，定义设计范围。这个设计让谁受益，什么人会支持这个设计。第二，

现有能够解决问题的方法的描述。现在有哪些解决方案？这些解决方案有哪些不足？如何从已有方案中获得帮助？第三，定义设计原则。设计有没有限制条件？哪些设计的核心功能是必要的？第四，定义与解决方案紧密相关的场景。用户希望未来的愿景是什么样的？设计未来存在的哪些场景是合乎情理的？第五，定义接下来的步骤和里程碑。什么时候才能完成设计的解决方案？具体的完成步骤是什么？第六，设计中存在的潜在挑战信息。

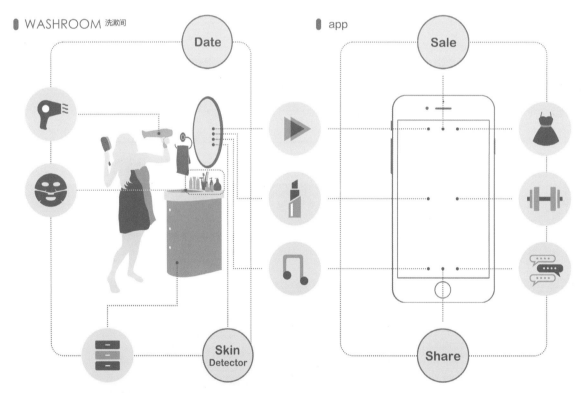

图5.12　关于浴室交互镜的设计定位，设计学生姓名：侯佳琪

5.7　创意切入

在产品的设计定义明确之后，下一步是根据计划构思设计。在构思过程中，设计团队可以利用书中所讲到的多种设计创新方法来进行设计切入并增强产品的创造性，其中头脑风暴和思维导图可以穿插在许多设计创新方法中使用。创意切入的目标是产出尽可能多的不同的概念，然后将这些概念可视化。创意切入与接下来的原型和测试紧密相连，通过一步步的迭代来强化设计的创新突破。作为创意切入的开始，设计团队可以基于设计的定义和陈述进行一场头脑风暴，围绕固定的核心问题和设计挑战发散出的想法会有一定的逻辑性。但是，在发散中也要鼓励设计

团队成员故意忽略限制条件，这有可能会是"黑马方案"产生的前提。

创意切入也可从灵感开始，设计团队运用卡片收集法制作灵感板、心情板等，通过来自其他领域的启发，帮助设计团队进行衍生思考或者类比思考。如图 5.13 所示的设计创意表达模板，设计团队可以将设计关键信息进行逻辑性整理，以获得具体的设计思路和概念图。在寻找创意的时候，设计团队的负责人需要让每位成员都认清什么才是真正的创意，因为许多时候设计团队很难区分设计的要求和创意，如在针对一款新的自行车头盔

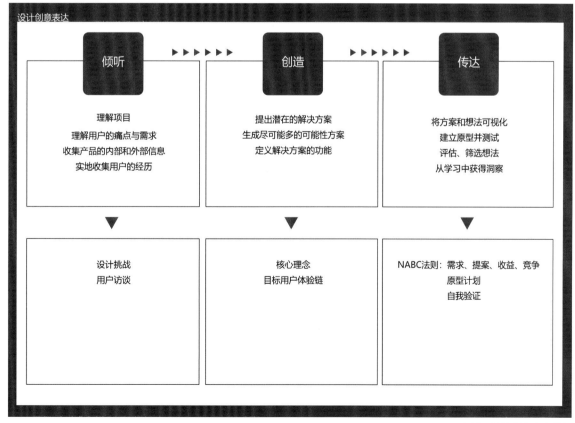

图 5.13　设计创意表达模板

的设计中，参与设计的成员会在创新的区域中写下"安全的""符合人机工程学的""便携的""有良好用户体验的"等题卡。这个时候，设计团队负责人应进行相应的提示，因为这些并不是真正的创意，而是对新产品的要求，而"符合人机工程学的"和"便携的"并不能引出针对设计问题的解决方案，所谓的创意需要非常具体化的思路，如"利用手风琴结构改变头盔的体积，在骑行的时候打开，而在骑行结束后收起来方便携带"。

通过具体的描述，可以让一个创意更充分地展示出来，于是，设计团队的每位成员都应鼓起勇气把自己的想法和点子用讲故事的方式加以陈述，然后不断尝试和加深想法的深度，并加入适当的专业术语让设计想法更接近于产品设计创意陈述的要求。可以根据以下步骤加深点子的深度。其一，清楚设计的问题，要区分设计要求和设计创意。其二，通过集思广益收集问题，并且确定讨论的中心问题和创意的产生范围。其三，通过设计评估与预测，利用如图5.14所示的想法筛选模板，找到可能会成为现实的想法。其四，将想法进行变形，每个想法都可以演化出许多变形，变形的过程也是第二次创意发散的过程。

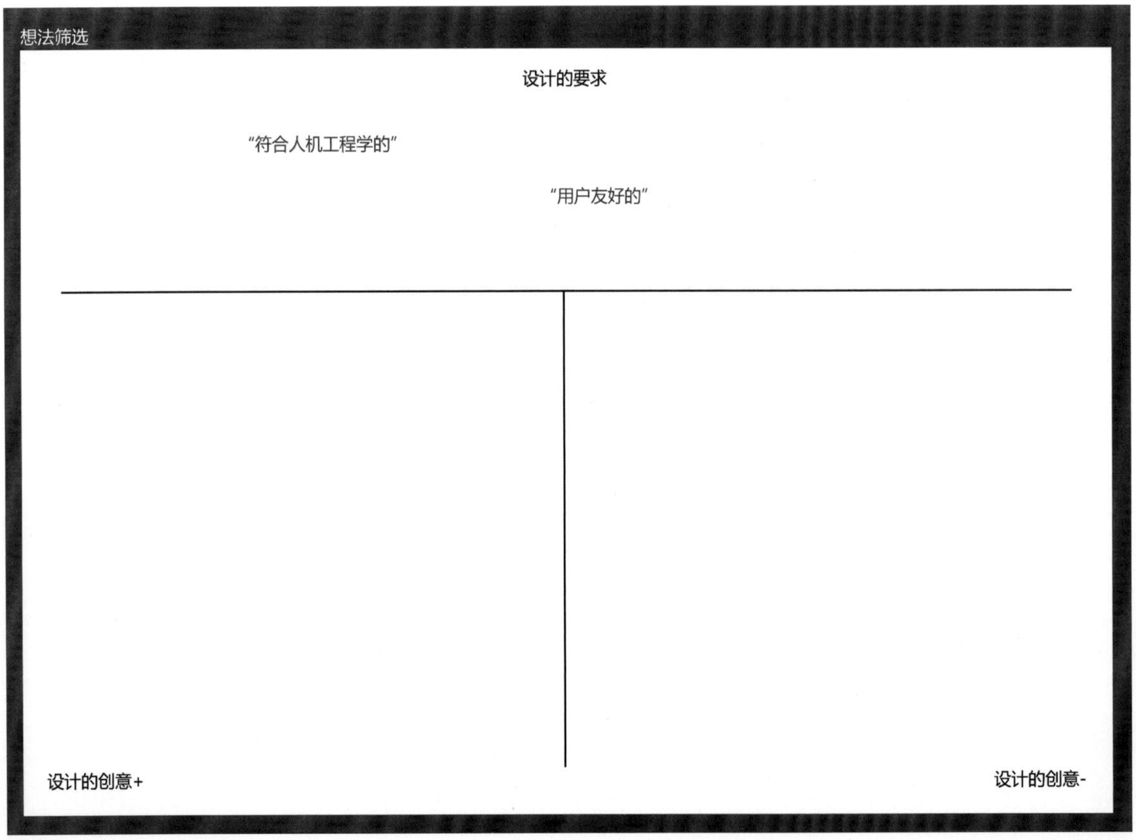

图5.14 想法筛选模板

5.8 创意整合

在创意的最初表达阶段，设计团队负责人可以让团队成员把内心的想法和潜在的机遇及解决方案都表达出来，然后设计团队对发散出来的关键问题进行划分：哪些点子是最自然情况下想到的？哪些解决方案会受到他人追捧？哪些想法让设计团队看到不同的思路？等等。接下来，设计团队要挖掘对用户而言必要的关键信息，对于设计的理想解决方案而言，这个步骤是非常重要的，可以用来整理设计的关键功能，根据创意和想法，关键功能的整理文件要搜集 10～20 份（见图 5.15）。从中整理出哪些功能是强制需要的；哪些功能对于用户而言是必要的。关键功能定义之后，可以邀请其他行业的专家或者潜在用户参与讨论，找到设计的基准条件，这种方法可以帮助设计团队跳出固化模式思考，同时，也可以通过其他行业的专家或者潜在用户来拓展思考的范围，从而启发

设计团队从不同的角度思考问题。

在很多情况下，设计团队进行创意整理的时候会发现，在这些关于目标产品的设计创意中，并没有太多具有突破性的想法，这使得设计团队因为时间进度的关系，不得不继续往下推进。建立一个理想计划可以帮助设计团队推动创意，并鼓励团队成员聚焦于收益最好的解决方案，而暂时不考虑潜在的消耗和预算限制。从发生思路到建立理想计划的过程，要经历从发散思维到收敛思维的过渡区，这也是设计比较困难的受压区，两种思维的转换会在设计概念产生的许多阶段出现。随着经验和实践的积累，设计项目的参与者会识别这个时机，因为这个时机的到来设计的创新机会也会随之出现。在建立理想设计计划时也要注意计划是否与原始想法、初始用户需要存在偏差。

图 5.15　创意整理过程 1

对于许多设计团队而言，选择创意是一项具有挑战性的工作。首先，每个设计团队中的成员会使用不同的方式表达自己的想法，如绘画、短词或者短文。其次，有些想法的基本方向相同，但是最后可能会形成不同的解决思路。所以，在这个过程中，聚类思考可以帮助设计团队尽快完成想法的分组，然后将每个组用设计的专业术语命名，如面对现在的创意、面对近未来的创意和面向未来的创意，再用总结性术语描述每个组的创意依据（见图5.16）。如果想法的范围非常广，问题范围也被扩张，那么可以先将想法按照以下3个主题分组，即匹配问题的、令人兴奋的、范围之外的，然后进行聚类思考。对于大公司和设计机构，他们会为有潜力的想法开发各种标准，通常这些标准可以预防风险，然而这些标准却不利于设计创新。那么，在创意选择和评估时，适当的平衡设计团队愿景和企业管理层偏好及关注是确保想法"接地气"的有效方式。

图 5.16　创意整理过程 2

5.9　设计研讨

最小可行性产品测试（MVP test，Minimum Viable Product test），是指开发团队通过提供最小化可行产品获取用户反馈，并在这个最小化可行产品上持续快速迭代，直到产品到达一个相对稳定的阶段。当设计项目已经成型，各方面的设计因素已经完备，那么，许多设计团队会通过制作产品的模型和样机，并进行 MVP test 设计评估。最小可行性产品专注于为一小群客户提供足够的价值，而不是服务于大型市场。在方案的初期阶段 MVP test 对于设计团队是非常重要的，它可以快速验证设计团队的目标，快速试错。MVP test 的目标包含两个层面：一是用户是否有兴趣，即用户是否存在某个需求或是否能激发用户需求，有多少用户有这些需求，这些用户是否对某个解决方案感兴趣；二是用户是否满意，即某个解决方案能否满足用户需求，解决用户问题。

如图 5.17 所示，MVP test 可以用来测试产品功能的可行性。在此之前，设计团队需要明确 3 个问题：一是参与测试的用户，可以通过用户模板或用户画像来明确用户面临的情境；二是通过简明扼要的方式阐述主要问题；三是提出针对主要问题的解决方案。针对产品体验的 MVP test，则要更注重满足用户需求程度的相

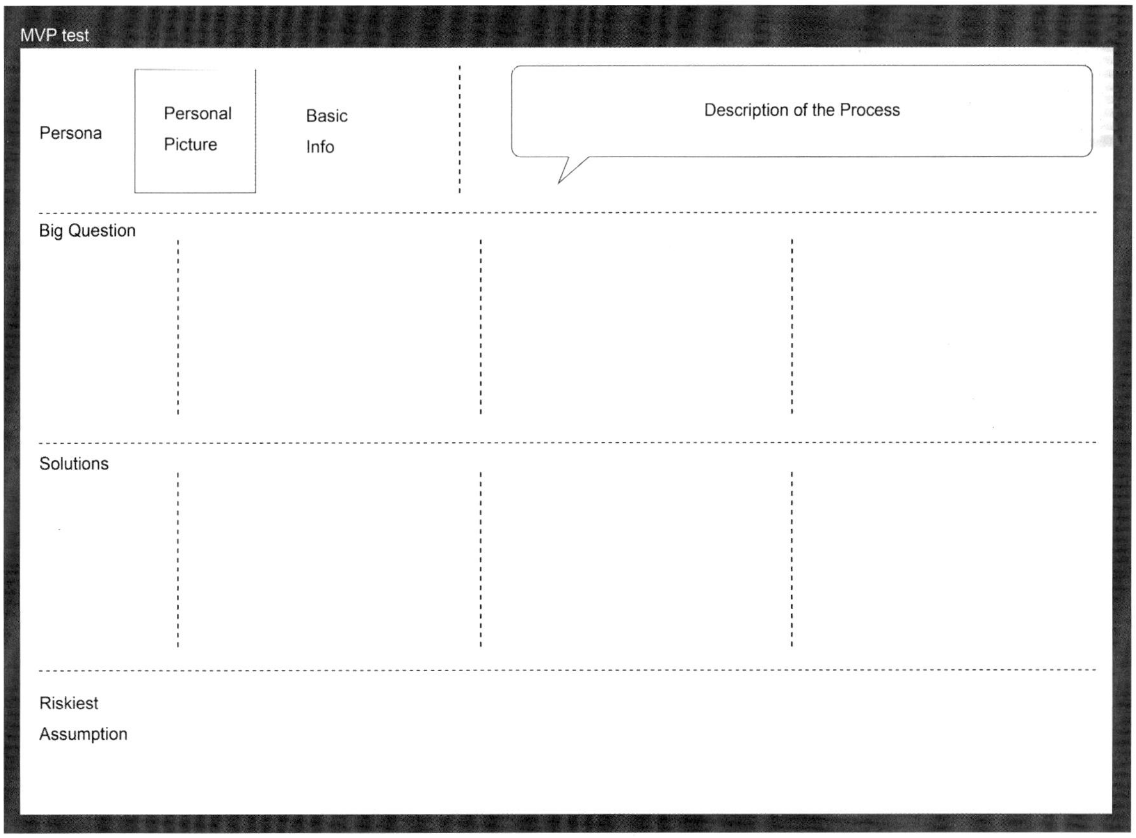

图 5.17　MVP test 模板

关指标，因为在这种情况下，需要测试的是方案本身的可用性，然后逐步改进、优化。但这时不能因为这些指标过低而放弃产品，因为如果针对产品概念的测试已经通过，那么针对产品体验的测试只是一个优化的过程，而非对存在价值的考察。

MVP test 的复杂程度取决于设计团队所创建的产品类型，因为设计不尽相同，简单到模糊关键词测试，复杂到早期产品原型测试

（见图 5.18）。所以，即便是最小可行性产品，其开发和测试过程也绝不是一件容易的事情。验证各种观点是否正确的重要途径就是与真实的客户进行交流，向客户咨询遇到了什么问题，然后解释所设计的产品能如何帮助他们解决其需求；如果用户已经使用了产品，设计团队可以咨询用户关于产品是否充分实现各项用途，还可以询问客户怎样排列痛点问题的优先级，然后设计师根据收集到的信息对产品进行调整。

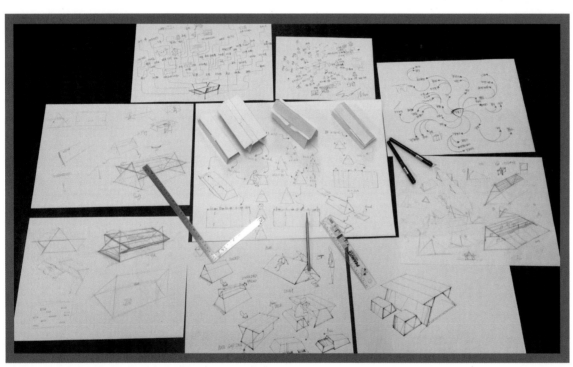

图 5.18　设计创意 MVP test 展示，设计学生姓名：刘迈

5.10　创意汇报

通过设计评估后，设计创意不能仅停留在语言表述层面，设计团队需要将成形的创意用故事可视化或原型的方式加以记录和表述。可视化的过程是一个将抽象信息、相互联系、数据、过程和策略变成图像形式的有力工具。同时，可视化有助于设计团队向用户、服务企业传达设计的各项信息，并方便设计的各利益相关者理解设计的主题，以及理解最优化的解决思路、创新点和挑战难点等信息。因此，清晰的可视化内容加上引人入胜的设计汇报，是可以增加设计方案获得更多人认可并向前推进的有力保障。在可视化设计的时候，要注意以下几个要点：一是使用的语言和图例应便于大家形成共同的理解；二是尽可能将抽象的事物有形化；三是让设计团队成员尽可能多地参与到可视化的任务中并创建更多的交流机会；四是可视化的设计要具备清晰的产品功能和设计目的；五是以生动的故事塑造设计，通过同理心拉近与交流用户的关系，控制气氛，让设计内容更有趣。

接下来，设计团队需要利用可视化的创意方案进行内部、外部的设计汇报（见图 5.19）和信息传递，以获得更多的反馈和支持。在设计方案的传达方式上，首先要从设计的重要部分展开，然后结合可视化的图像，让观者建立与设计内容相关的联系，最后尽可能多地引发观者的兴趣和共鸣，让更多的人相信这项设计创新是一件有意义或令人愉快的决定。具体的设计汇报可分为以下几个步骤：第一步，运用创造性思维勾勒出设计创意，最好将设计的系统运行可视化；第二步，演示和汇报设计创意，以他人容易理解的方式传递想法；第三步，设计团队汇报的过程中或结束后，要对参与观看的相关者的反馈信息加以记录；第四步，组织焦点小组会议，对反馈意见进行梳理，找到可以改进创意的关键点，不断改进创意和原型。

【设计创意汇报过程记录】

图 5.19　设计创意汇报过程记录 1

想要更多利益相关者关注目标设计创意，并积极提出改进建议，那么，对于汇报者而言，一个引人入胜的设计创意汇报是非常有必要的。如图 5.20 所展示的是一个创新方案陈述的现场记录，想要做到引人入胜，通常可以遵循典型的叙事方式，在汇报的开端制造出一些悬念，以引起听众的注意，这种悬念最理想的状态是从汇报的开始到最后持续性营造。通过总结可以发现引人入胜的设计创意汇报往往具备以下几个元素：一是引起情绪共鸣，引人关注的初始状态；二是有专业的主角或汇报人；三是设计创意如何克服挑战和阻碍，获得设计成就；四是有明显的叙事线和前后转变；五是叙事要有高潮设置，要有结果，最好在汇报结束后，能引人反思。总而言之，好的设计创意汇报不仅能够引起观众的情绪共鸣，而且承载着大量的实用信息，为了营造一个好的叙事氛围，了解目标用户并建立同理心显得尤为重要。

图 5.20　设计创意汇报过程记录 2

思考题

（1）在设计项目开始之前，为什么要找到设计的原因？

（2）网络调研包括哪些内容？

（3）如何进行设计叙事？

（4）课题评估的方法与程序是什么？

（5）实地调研包含哪些任务？

（6）设计定义阶段需要明确哪些设计问题？

（7）如何开始设计创意？

（8）整理设计创意时有哪些注意事项？

（9）如何进行设计创意预测和研讨？

（10）设计创意汇报的步骤有哪些？

第6章
产品创意评估

本章要点

■ 运用逻辑支撑的理性评估完善设计创意。

■ 运用感性评估完善设计创意。

本章引言

为了更好地区分不同的概念，可采用设计评估的多种方法。本章介绍的评估方法多采用对比的方式，并尝试将设计之前的原始方案和新的设计方案进行对比和分析，通过各项对比指标，还有设计团队内部和外部意见来权衡所选择的最优方案是否达到理想的效果。在这一阶段，设计团队要注意对最终产品设计的评估需要以用户需求作为判断依据，而不要掺入过多个人意见，不然会导致评估的结果与市场需求、用户需求脱轨。评估的方法包括明显的或不明显的方法，因为方法的执行结构会受到用户直觉或系统结构的支配。此外，对产品设计的评估并非一蹴而就，而是需要在产品的每个改良环节多次进行，这样才能保证设计始终朝着良性状态发展。

6.1 A/B 测试

使用 A/B 测试可以比较同一设计不同版本之间的差异，也可以用来对比不同品牌的同类产品的优势和劣势，从而找到与业务目标更相符的对象。A/B 测试中的一种产品可以是设计团队开发的新的概念产品，而另一种产品可以是改良前的原始产品，通过两种产品的同类属性对比，找到与既定对象相比较在统计学方面更优秀的作品。如果新的概念产品更加优秀，那么，通过可视化的 A/B 测试，它会在不同的领域优于原始产品。

A/B 测试可以获取不同的假设和产品发展方向（见图 6.1）。然而，过去的测试不一定在今后同样可行，因此，不断地进行测试以求结果的不断更新是至关重要的。在进行 A/B 测试时，设计团队可以随机指派不同的参与者进行测试 A 和测试 B，测试后设计团队可以共同决定哪一份设计更接近项目的目标。例如，当开发一款免费体检项目时，设计团队会鼓励较多的用户注册并免费体验线上项目。然而，有很多用户选择不注册，其原因可能包括几点，如注册表格是否过长、人们担心暴露自己的隐私及会怎么处理他们的隐私数据、在他们注册之前想要了解价格信息等，通过对界面进行细微的修改，设计团队就可以找到这些问题的答案。然后，设计团队邀请用户进行 A/B 测试，找到提高用户注册率的改进方法。

尽管可以通过 A/B 测试出哪一种设计产生的效果更好，但是 A/B 测试不会帮助设计师提供为什么选择某个方案的原因。A/B 测试不是通过评估客户的心愿、态度及需求的简单定性测试，同样也不能揭示比较重大的问题。如图 6.2 所展示的关于提醒类 app 的 A/B 测试，测试中只呈现了 app 的信息流和界面效果，并不能代表客户是否信任企业的产品或者网址内容是否可信。为此，A/B 测试需要不断补充其他定性方法，才能帮助设计师更深刻地了解客户的动机及真正的需求。

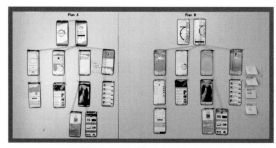

图 6.2 关于提醒类 app 的 A/B 测试，设计学生姓名：陈妍

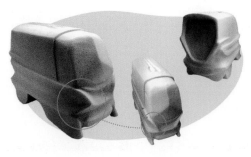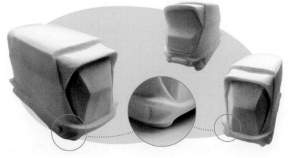

图 6.1 关于箱货汽车外观造型的 A/B 测试，设计学生姓名：侯佳琪

6.2　哈里斯图表评估

哈里斯图表能根据预定的设计要求分析并呈现设计概念的优势和劣势，主要用于评估设计概念并帮助设计团队选择具有开发价值和前景的设计概念。哈里斯图表用于在预设定义的设计要求上对设计概念进行评估。当设计师需要对产出的一系列产品设计概念进行比较时，哈里斯图表可以为设计团队提供细致的评估帮助。设计师往往凭借直觉评估设计概念，而哈里斯图表帮助设计师将这些主观的评估过程通过可视化的图表呈现在设计师或者设计团队眼前，以便设计团队与项目的利益相关者对所有设计概念和想法进行筛选。

在使用该方法的过程中，有必要为每一个设计概念创建一张哈里斯图表（见图 6.3），并针对设计要求中标准逐条进行评估。在评估过程中，需要联系所有的概念相互对照评比，而不要对每个概念孤立评估。通常情况下，每一项标准需要设定 4 个评估等级，根据等级对每个概念进行评分，设计师需要对评分标准进行说明，如"– –"代表很差、"–"代表一般、"+"代表可行、"++"代表优秀。哈里斯图表使用这种视觉化的方法帮助决策者快速浏览每一个概念在不同标准下的整体得分，有利于设计团队做出正确的设计决策。

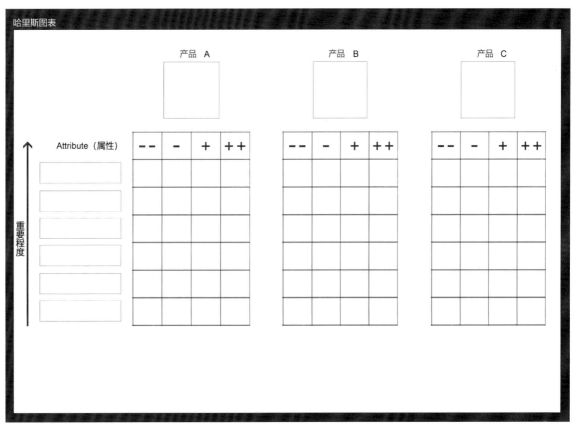

图 6.3　哈里斯图表模板

哈里斯图表可以通过浅显易懂的方式展示设计概念的评估过程，有利于设计师在概念设计的早期阶段确定哪个项目的可行性更高（见图6.4），并且促进设计师与设计项目的利益相关者共同探讨创意。当设计概念逐步得到修改时，设计要求也随之改变，设计师可以利用哈里斯图表与设计团队成员就设计问题达成共识。值得注意的是，许多设计师因为哈里斯图表中呈现出的细节信息而误解为这种图表是一种绝对正确的评估方法。设计团队也应明确，

这种评估方式是建立在设计师的主观直觉和预测的基础上的，因此，它并不是一种绝对可靠的评估方法，也需要设计团队就具体设计要求和设计概念进行公开讨论并改进。在哈里斯图表评估产品的过程中，设计团队不断返回到设计的不同环节对设计进行修改和调整，这也证实了设计并不是线性的过程。如果在评估过程中发现新的设计要求，则可以将其加入哈里斯图表中，提高评估的准确性，这也体现了非线性的设计预测方法。

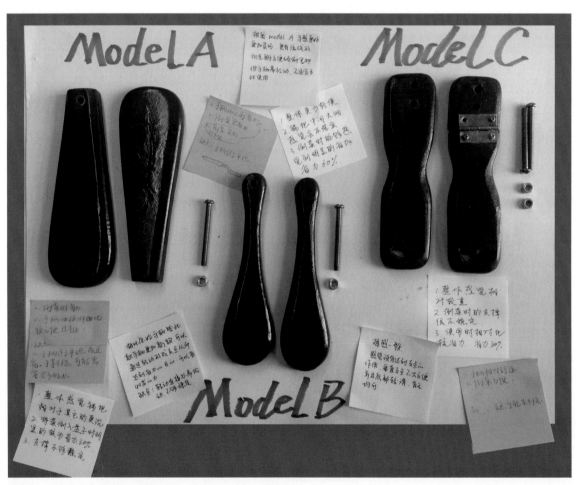

图6.4　关于锅具把手改良方案的评估，设计学生姓名：李港迟

【关于锅具把手改
良方案的评估】

6.3　概念评估

需要明确的是，产品的评估并不是在概念设计结束时进行的总结，而是在设计不同阶段重复进行的常规任务。通常在以下几个阶段需要对设计进行评估。首先，在课题选择阶段，根据产品的外部条件和内在需求，对课题方向进行评估；其次，设计执行阶段，可以通过投票选择、优势与不足比较分析等方法对设计草图、实物模型、CAD 图纸、虚拟 3D 模型进行评估；再次，在设计的原型和测试阶段，可以通过制定产品规格清单、专家意见、任务列表分析等方式进行评估；最后，到了产品投放市场前夕，设计团队可以通过消费者与目标用户知觉选择、矩阵评估等方法对产品样机进行评估，并确保投产进展顺利。

对于设计成果的检测，可以将其分为总结性评价（Summarize Evaluation）和形成性评价（Formative Evaluation）两类。一般来说，总结性评价会在测试结束后使用，而形成性评价会在测试进行过程中反复使用（见图 6.5）。对产品设计模型的总结性评价是指检测用户对设计功能、使用方式的综合掌握程度，就像学期末的测试一样，会在结束一段时间的学习后进行，用分数表示成绩，然后进一步分析得分状况，算出成绩分布、平均成绩等。形成性评价是在产品模型测试的各个阶段进行的，是收集用户对产品的理解程度和反馈信息的一种方法。测试后的生理测试和主观心理评价问卷都属于形成性评价。

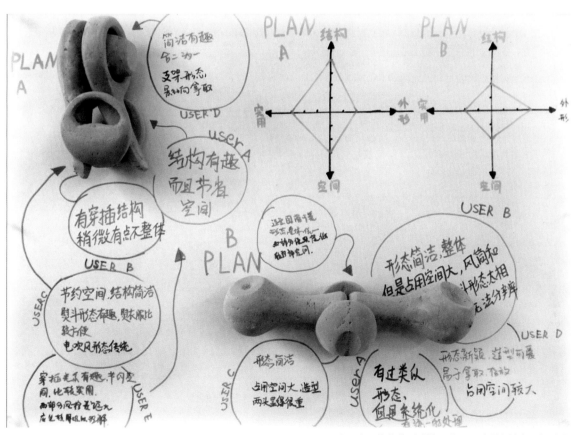

图 6.5　关于产品结构的形成性评价，设计学生姓名：杨乔雯

在对产品概念或实物进行评估时，可以利用交互原型来进行模拟用户测试，运用交互原型能够快速实现设计师所预设的产品功能，通过邀请用户进行测试，设计师可以获得真实的用户对产品的反馈，并对设计进行改善和调整。所以，设计评估的重要价值在于，不仅可以让未来目标用户了解产品设计概念，而且可以让设计团队客观了解所设计的产品与团队设计目标是否吻合或者找到存在的差距（见图6.6）。产品模型测试和评估所呈现出的问题是诚实的，其可以帮助设计师了解在现实使用环境中该设计所呈现出来的品质。

产品可用性的评估在不同设计阶段可以发挥重要的作用。在评估结果的基础上，可以就设计的有效性、效率及满意度方面提出要求（见图6.7）。同时，设计团队需要注意的是，收到参与人员、测试模拟环境质量、测试模型实现程度等因素影响，产品设计的评估结果也会存在一些错误和分歧，所以，面对评估结果而做出的设计改良一定要客观，全面思考解决设计中存在问题的方案并进一步提高产品的各个方面质量，为用户体验创造更好的满意度和机遇。

概念评估

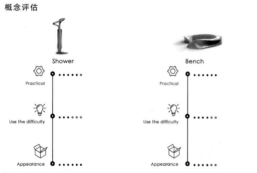
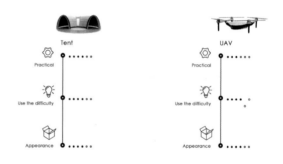

图6.6　关于公共设施的概念评估，设计学生姓名：李港迟

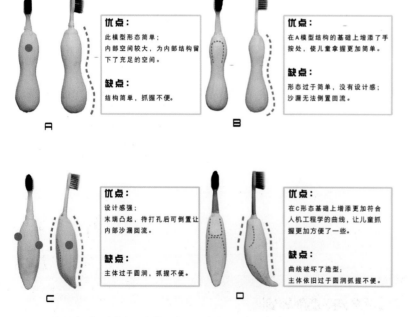

图6.7　关于牙刷把手改良方案的评估，设计学生姓名：李港迟

6.4　可用性评估

在评估进行之前，设计团队需要精心做好准备工作，其中重要的任务就是寻找评估和测试的参与者。就一次简单的定性评估而言，一般需要4～10名参与者，最终形成一份设计改进要求清单。评估可以用录音、照片及视频等方式记录下来，以便用于之后的分析和交流。这里值得注意的是，需要观察所选择的评估用户是否具有良好的感知能力，如在使用测试模型或者产品时，能否接收到或者自己发现使用线索；还需要观察他们是否具有很好的认知能力，如他们如何理解产品或者模型中隐藏的线索。这些能力有利于用户完成评估产品或者设计概念的各项任务。

产品设计评估可以分为以下几个步骤：第一步，描述产品概念和设计说明及评估的目的。第二步，选定进行产品概念评估的方式，如个人访谈、焦点小组、讨论组等。第三步，运用适当的方式表现设计概念。第四步，制订一个包含下列内容的评估计划，如评估的目的和方式、受访者的描述（需要向受访者提出问题）、产品概念（需要被评估的各个方面）、测试环境的描述、评估过程的记录方法、分析评估结果的计划等。第五步，寻找并邀请受访者参与评估。第六步，设定测试环境，并落实记录设备。第七步，引导参与者进行概念评估。第八步，分析评估结果，并准确呈现所得结果，如以报告或海报的形式展示结果（见图6.8）。

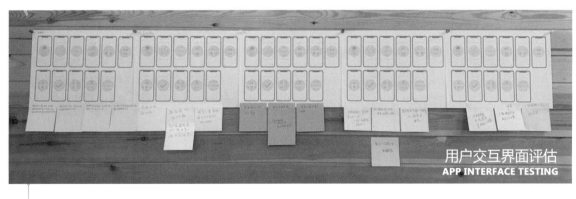

图 6.8　关于 app 界面的可用性评估，设计学生姓名：施耐舒

此外，设计团队要明确，即使是面对一个简单的设计项目，如图 6.9 所示是一个小型开坚果器的可用性设计评估，其在原型阶段经历了两三次测试与反馈。因此，设计评估并非一次性的，而是需要进行多次的、反复的测试。很多时候，在评估参与人员之中，除了包括通过设计团队招聘或者个人关系网邀请来的目标用户外，为了确保设计的各项功能和质量的可信性，设计团队还需要邀请某些领域的专家参与评估，如一些高等院校相关专业的教授、市场营销专家、机构工程师等，实践证明，这类群体的参与和采样可以有效指导设计并获得评估结果。

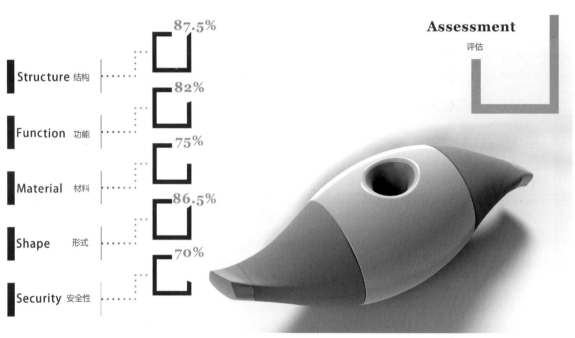

图 6.9 小型开坚果器的可用性设计评估，设计学生姓名：赵健宇

6.5　情感测量

产品情感测量工具是一种无须进行口头表达，而是利用自我报告的形式测量用户对产品的情感反应的测量工具。情感测量能帮助设计师回答以下问题：产品、包装甚至气味等特殊刺激物可以唤起用户的哪些情感反应？这种方法适用于在设计的各个阶段评估已有产品或新的设计概念的情感反应吗？用户可以选择动漫表情来表达他们的情感反应吗？如图 6.10 所示的情感测量与评估模板中，展示的情感测量可以测量 12 种情感：6 种积极反应和 6 种消极反应，最终的成果为一份具体的情感报告。

在不断地改进该方法后，即使没有经验的设计师也能顺利地用它来测量用户对已有产品或新的设计概念的情感反应。设计师可以运用在线平台收集定量研究数据。分析数据需要具备一定的知识与经验。分析结果可用于以下用途：为设定新产品的情感基准提供参考，挑选最能激发用户积极情绪的设计概念，作为交流工具帮助设计团队成员对产品的情感反应达成共识等。

在进行情感测量之前，可以参考以下步骤做好准备工作：第一步，创建实验并上传"刺

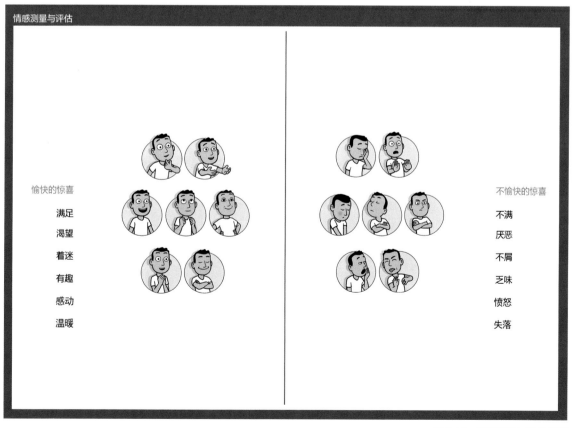

图 6.10　情感测量与评估模板

激物"，即需要测量的文字、图片或上述两者；第二步，选择想要测量的情绪；第三步，决定实验语言；第四步，书写实验报告及操作指南，确保受访对象可以通过一定的渠道进入该实验模块。接下来，进入情感测量实验部分：第一步，进行实验测试；第二步，将实验链接分别发给每位测试参与者；第三步，记录测试结果并进行设计团队内部讨论；第四步，需要将测试反馈通过可视化的方式展示出来（见图 6.11）。需要注意的是，情感测量方法也存在一些局限性，即该方法只能测量情感，如获得"吸引人的""有魅力的""无聊的"，以及"不满意的"等模糊信息；而且，这些情感只与用于测量的刺激物相关，如产品或气味。经过测试，发现这种方法在许多文化背景下和网络平台上都有效，该方法也适用于测量多种不同的刺激物。

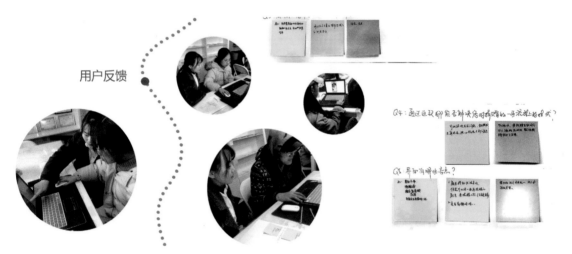

图 6.11　关于捐献网站的情感评估，设计学生姓名：燕禹卓

思考题

（1）如何利用 A/B 测试进行设计评估?

（2）使用哈里斯图表评估的优点是什么?

（3）概念评估的具体流程是什么?

（4）什么是可用性评估?

（5）分析感情测量的优点与缺点。

第 7 章
创意设计实践课堂

本章要点

■ 创意活动开始之前的准备工作。

■ 适合具体创意产生的思维方法。

■ 有效表达创意概念的方式。

本章引言

本章将结合书中所讲述的创新设计方法和创意概念设计流程并将其应用在设计实践课堂之中，在课堂上，授课教师与全体学生将成为设计创意的参与者，共同协作去决定设计的课题和方向，以及筛选创意等活动。本章的内容结合了创意思维课程大纲的内容，其中会根据学生设计成果来阐述课程的内容。

7.1　"1+1"热身赛

在每一次具体的设计课题开始之前，教师可以尝试用"1+1"热身赛来活跃课堂的气氛。"1+1"热身赛需要通过设计团队合作共同完成，这个设计团队的组建最好是随机选择的，这样的方式可以增进不熟悉的同学之间的沟通，并激发更多的创造力。接下来，运用如图7.1所示的"1+1"模板和创意选词库，教师带着学生开始进行创意组合热身赛，主题为"1+1>2"，这个文字组合创意训练是通过每组学生代表抽签得到两个单词，将它们组合生成一个新创意。在1h内，根据图中老师给出的"1+1"模板，小组进行团队思考和头脑风暴将模板内容完成，其中具体任务包括生成创意设计的描述、创意设计的特征或益处、目标用户定义、为新设计命名、为设计团队命名、设计口号和Logo等，最后每个团队做一次2min的集体汇报。

图7.2中选取了一组学生完成的创意展示板，其中抽到的词汇是"独特性"和"网络"。通过设计团队讨论，他们设定的创意设计主题为：一个动物网络平台，受众群体为饲养各类宠物的人，通过这个平台帮助动物间进行交友或相亲，利用动物交流增进人与人的互动，并提出未来人与动物共生的概念模式雏形。在1h内，每个小组成员都发挥自己的创意和优势，为设计创意的全面呈现贡献力量。

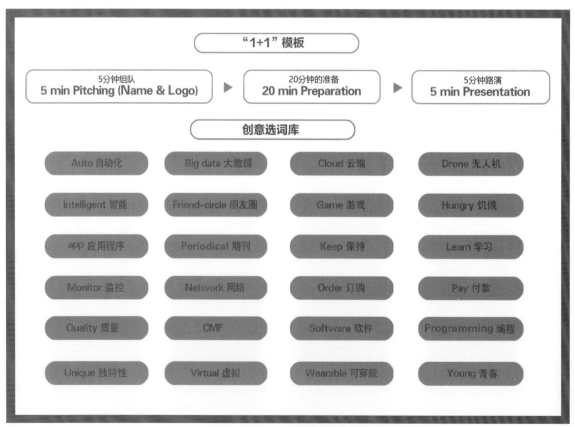

图7.1　"1+1"模板和创意选词库

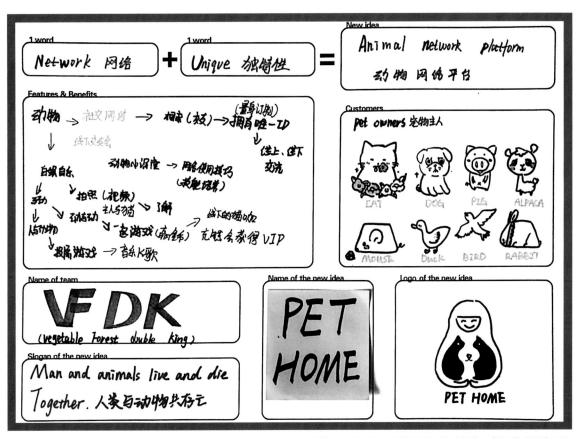

图 7.2　"1+1" 创意展示版，设计团队：鲁迅美术学院团队

【"1+1"创意展示版】

7.2　故事描述

设计概念叙事为可以通过视觉方式讲述设计来龙去脉的方法，经常用于设计前期陈述设计概念，也可以用于设计后期产品效果图展示、情境展示和使用过程展示。故事板（见图 7.3）中汇集使用说明性的图画、图表力图向观看者展示设计的目标用户、使用情境图、使用方式、使用时间和地点。故事板在替代文字描述为用户解释设计意图的同时，设计团队也可以跟随故事板体验用户与产品的交互过程，并从中获得启发。因此，设计概念叙事可以随着设计流程和方案改进流程而不断改变。

在设计初始阶段，概念叙述可以是简单的手绘草图，在手绘草图的周围可以标注一些设计师的评论和建议。随着设计流程的推进，故事板的内容会逐渐丰富，也会融入更多的细节信息。在设计定位阶段，故事板可以帮助设计师探索新的创意并做出决策。总的来说，故事板可以有效替代枯燥的文字进行视觉化的概念设计效果呈现，这种方式更加形象，并且可以将用户带入具体情境中，去引发设计或者灵感的共鸣。

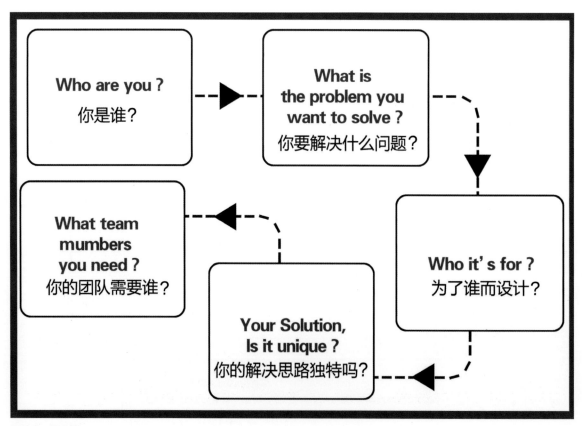

图 7.3　故事板

如图 7.4 所示，即便用简单的草图表现，故事板所呈现出的视觉元素和故事性极富感染力。这种方法能够使读者对完整的故事情节一目了然。故事板有的时候类似于漫画与影视作品，其中可以涵盖非常丰富的信息，包括用户与产品的交互发生在何时何地；用户与产品在交互过程中发生了哪些行为；产品是怎么使用的；产品的工作状态；用户的生活方式；用户使用产品的动机和目的是什么？这些细节信息都可以通过故事板的方式清晰地呈现出来。

如图 7.5 所示，通过图像描绘设计意图的同时，设计师可以在故事板上添加文字辅助说明，这些辅助信息在设计讨论中可以发挥出重要的作用。作为一种图文兼备的交互概念图板，无论是图中的视觉元素还是文字信息，都可以用于交流和评估产品设计的概念。用于引发设计创意联想的故事板往往采用较为粗略的视觉表达方式；用于展示产品概念设计方案的故事板通常需要具备完善的细节，使观察者获得干脆利落的信息体验。此外，在设计流程的末期，设计师依然可以依据完整的故事板反思产品设计的形式、产品蕴含的价值，以及产品内在的品质。

图 7.4　关于沙漏台灯的设计叙事，设计学生姓名：鲁迅美术学院团队

【设计叙事】

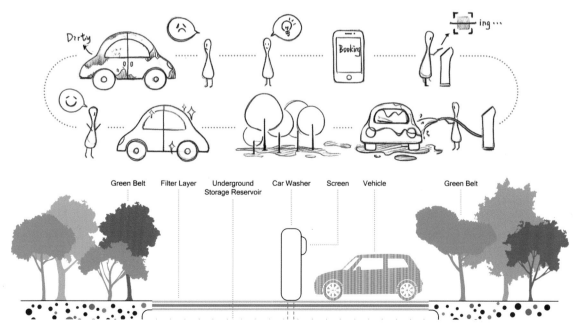

Green Belt　Filter Layer　Underground Storage Reservoir　Car Washer　Screen　Vehicle　Green Belt

图 7.5　关于雨水收集洗车场的故事板，设计学生姓名：侯佳琪

7.3   组合风暴

比如，通过"1+1"热身赛，每组同学的精彩汇报让在场的师生对接下来的设计实践充满期待。在设计创新实践阶段，教师要求每组学生根据创新设计的两个层次，利用组合风暴法发散出多个有创意的设计想法，然后用讲故事的方式将每一个设计想法生动地表达出来。为了让设计具有更强的故事性，并引起大家的共鸣，设计团队可以在图 7.6 给出的故事叙述模板（Storytelling）上图文并茂地描述产品。

许多设计团队为了渲染新产品存在的必要性，还为故事渲染了一个背景氛围，设计团队的成员通过角色扮演，将故事表达得更加生动、充分。在设计团队全部讲解完成后，设计团队成员和全体同学要经过多轮投票，为每组选出一个最终的设计方案（故事叙述成果展示见图 7.7）。接下来各设计团队使用 SWOT 评估法来进行概念可行性分析，以确保每一个新的设计创意可以顺利落地。最后，每个小组开始项目设计定义及目标人群、产品功能、使用情景等定位，以确保设计按照计划高效进行。

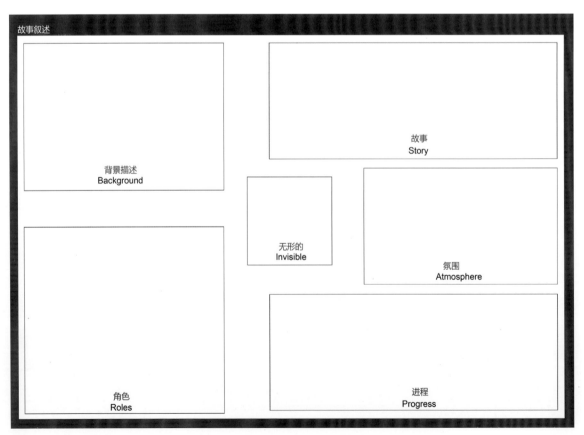

图 7.6   故事叙述模板

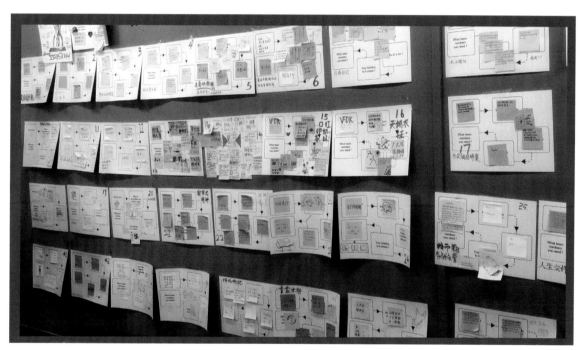

图 7.7　故事叙述成果展示

7.4　角色扮演

为了让创意更生动地呈现出来，并让设计团队的创意能够被选中，设计团队可以编排故事并通过表演的方式展示给全体师生。用生动的演绎来展示想法和创意是角色扮演的一大优势。角色扮演可以由参与设计的成员扮演用户的角色，假设用户在现实场景中的日常活动和行为的一种方法。这种方法相对来说成本较低且投资较少，但是仍然需要投入一些精力，才能让角色扮演与用户的现实生活紧密联系起来。设计团队的成员必须自愿参与并且能够逼真扮演。但是，有时候扮演者可能会过分投入，以致在交流中做出伤害性或破坏性的行为、言语和反应，因此，需要谨慎小心。在通常情况下，安排角色扮演

比较容易，只需要房间里面有人就可以。但如果要求环境背景更复杂，就需要采用模拟活动。如果要求扮演更严格，并产生创意性概念，就需要采用身体风暴方法。

在角色扮演或者模仿用户使用场景时，需要介绍一下整体情况或者提出建议，用需要采取的行动、完成的任务、达成的目标作为指导。然后，扮演者开始扮演各自的角色，其中包括用户和利益相关者。角色扮演要尽量接近真实生活，因此应鼓励扮演者即兴发挥（见图7.8）。扮演者很难自己记录扮演的过程，因此，应该让其他小组成员通过拍摄照片、录下视频或做笔记记录这些过程。为了了解事情经过，在事

图 7.8　角色扮演现场记录 1

情发生之后需要全面分析整个过程，并评估角色扮演带来的真实感受。

有的时候无法直接进行观察，比如调查个人敏感问题，或者很难找到实际用户，这时候使用角色扮演模拟活动就显得非常有必

要（见图 7.9）。然而，角色扮演应该尽可能依据现实场景和用户行为，用收集到的足够信息指导整个过程，或者至少结合访谈、脉络访查或次级研究等方法，在活动结束之后与真实用户交流，与真实情况进行对比。

图 7.9 角色扮演现场记录 2

7.5 项目路演

接下来的主要任务是深化设计方案，设计团队负责人可以布置相应的任务与设计团队成员一同进行设计深化，其中包括设计调研，设计草图绘制，方案外观定稿，设计功能、结构、材料、工艺说明，草模型与测试，Rhino 或 SolidWorks 等辅助设计软件三维模型制作，产品渲染与排版，产品使用情景故事板展示等阶段。

在课程的最后，全体同学集中在一起进行一次设计项目路演和汇报，如图 7.10 所示，各设计团队将整个设计项目的创作过程整理出一份 PDF 文件，向大家汇报设计团队的工作量、课程的收获和体验。更为重要的是，每个设计团体都要认真剖析项目还存在哪些不足和可以深化改进的空间。通过这次汇报，可以让学生思辨性地看待自己的设计，并找到增强自身能力的方法；同时，在场的每位同学都可以为各个设计团队提出建议，这也是获得设计反馈的良好机会。

图 7.10　设计项目路演和汇报现场

思考题

（1）在创意发想之前如何进行设计热身？

（2）如何用讲故事的方式表达创意？

（3）组合风暴法的原则有哪些？

（4）角色扮演对设计创意有哪些促进作用？

（5）为什么要进行项目路演？

第 8 章
创意设计案例分析

本章要点

■ 深入理解课题方向，尝试从自己的视角看待问题。

■ 通过设计洞察，找到设计创意的切入点。

■ 将设计创意转化为现实产品。

本章引言

本章会结合实际案例来分析多个产品创意设计，通过案例可以帮助学生了解设计创意方法如何使用，并根据不同创意方法的特点将其应用于适合的设计领域，以发挥创意在产品设计中的独特价值。

8.1　组合式的创意产品设计案例

组合式创意法适用于多功能产品设计的概念生成与研发，如 CARE 老年人一体化智能卫浴系统设计就是一款多功能组合的概念设计。中国从 2000 年开始进入老龄化社会，解决养老问题将是老龄化社会面临的重要任务。老年人的衣食住行有很多需要注意的细节。在中国，有 30% 的 65 岁及以上的老年人曾在浴室跌倒，一些老年人会因此受伤，年龄越大，这些风险就越高。使用智能马桶的老年人占了消费用户总数的 20%，而让老年人生活更方便、安全、健康、舒适是 CARE 老年人一体化智能卫浴系统设计的最基本原则。智能马桶包括清水冲

洗、自动烘干、垫圈加热、抗菌除臭等功能，尤其适合有肠胃疾病、便秘等病症的消费者。

专为老年人或行动不便者设计的坐式淋浴器，能有效避免老年人在进出浴缸时摔倒。如图 8.1 和图 8.2 所展示的 CARE 老年人一体化智能卫浴系统设计是一款可以让老年人身心放松、预防危险的一体化智能卫浴系统。老年人站立洗浴时间过久容易产生晕厥或滑倒等危险，CARE 老年人一体化智能卫浴系统设计将智能马桶与淋浴系统相结合，让老年人可以安全舒适地进行如厕和洗浴。该老年

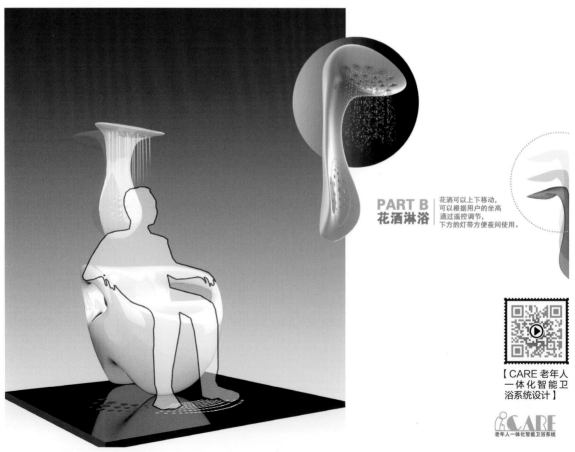

PART B
花洒淋浴
花洒可以上下移动，可以根据用户的坐高通过遥控调节，下方的灯带方便夜间使用。

【CARE 老年人一体化智能卫浴系统设计】

CARE
老年人一体化智能卫浴系统

图 8.1　CARE 老年人一体化智能卫浴系统设计 1，设计学生姓名：张依

人一体化智能卫浴系统设计营造了良好的卫浴环境，也为小户型家庭节省了空间。

CARE 老年人一体化智能卫浴系统设计的创新点在于，将坐便器和淋浴系统运用组合设计法有机结合，不仅比传统浴缸节约了大约 40% 的水量，而且当老年人的如厕时间较长时，久坐会使得腿脚无力，此产品的智能马桶旁边的扶手可以给老年人心理上产生安全感，也使他们在如厕完毕后站立时更加省力。

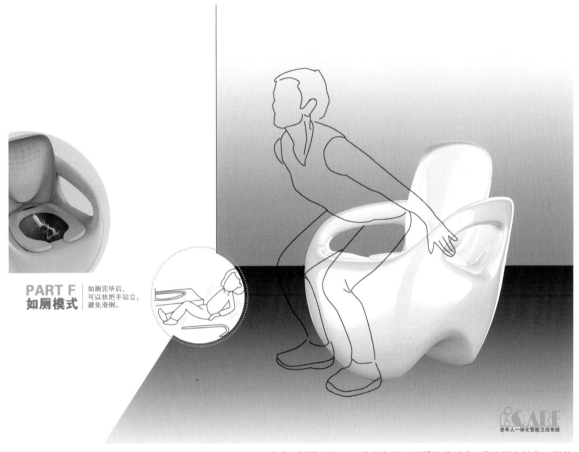

PART F
如厕模式 | 如厕完毕后，可以扶把手站立，避免滑倒。

图 8.2　CARE 老年人一体化智能卫浴系统设计 2，设计学生姓名：张依

8.2 依附式的创意产品设计案例

依附式设计可以作为一种"黏合剂"将产品的功能进行拓展，并将若干产品纳入一个系统中去考虑。本节案例中的公共服务类的产品设计是指在公共场所为民众提供各项服务的实体产品和虚拟产品，在公共服务类产品设计过程中，设计团队需要多维度地考虑产品的服务周期和用户体验设计，同时，应对目前和将来社会、经济、政治、人文等领域正在发生和即将发生的重大趋势有所了解。例如，时下共享经济理念已经渗透到人们生活的方方面面，大到共享汽车、共享单车，小到共享充电宝等产品。从微观的角度而言，共享经济为大众生活提供更多便利；从宏观的角度而言，共享经济节省了大量的公共资源。而且，在未来，通过设计的力量，共享经济将迎来更多的机会和可能，从而加快全球绿色环境发展。

本节的案例是以共享经济为背景，聚焦共享单车产品的服务范围和用户反馈，从中发现一些用户使用共享单车过程中的痛点问题，即许多带着小孩或带着包裹等物品的使用者没办法使用共享单车。设计者想到了共享单车的使用初衷是解决更多用户的出行方便问题，但是为了保证安全，规划者限制了单车的使用人数，却给携带其他物件的使用者带来使用困难。如图 8.3 和图 8.4 所示的设计项目是为共享单车而设计的共享支架，运用依附式设计原理，通过简单的连接结构安置在共享单车的后轮上，可以作为儿童安全座椅使用，折叠以后还可以作为支撑平台携带包裹等物品；而且，共享配件的生产材料可以采用社区居民的废旧物品进行回收再次利用，以减少材料的成本。

在越来越多的设计师投入共享产品的设计之中时，也应该思辨地看到，共享经济有时候也是一把双刃剑，如共享单车产品，其正面影响在于解决了用户最后一段旅程的便利出行，在地铁站、公交站、社区公共空间等场所都可以方便获得和使用；其负面影响也在日常生活中逐渐浮出水面，如共享单车不按规则停放会阻碍交通、会占用大量公共空间，以及人为破坏导致大量共享单车不能正常使用，废弃的共享单车回收处理也成了日益严峻的问题。那么，设计不仅要解决服务前、服务中的问题，而且应预先考虑产品结束服务后的一系列相关问题能否妥善解决。

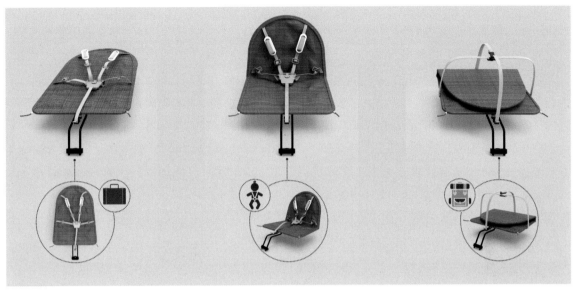

图 8.3　共享单车的共享支架设计 1，设计学生姓名：葛乃铷

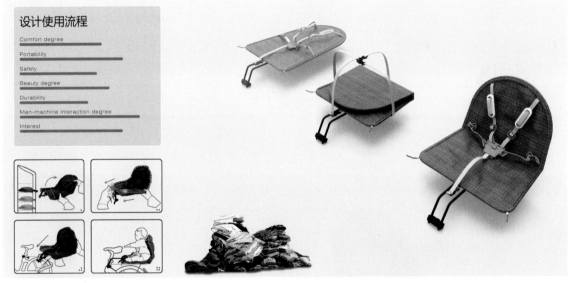

图 8.4　共享单车的共享支架设计 2，设计学生姓名：葛乃铷

8.3　服务引导的创意产品设计案例

服务引导的创意产品设计是将产品作为服务系统中的中心点，然后开始拓展产品所产生的服务磁场。本节案例中的人机交互类产品设计多为面向现在和未来的产品设计，而且多会集实体产品和虚拟产品于一个系统之中，为用户提供更理想的设计服务和用户体验。产品设计有自己的设计流程与方法，界面设计也是如此，设计者需要在设计之前，将两个系统的内容不断验证，并关注实体与虚拟产品之间的关系，其中服务蓝图和服务系统图可以清晰地展示设计的各项功能和目标是否按计划进行，并构成一个完整、全面的系统。

如图 8.5 所示为交互美容镜设计渲染效果图，此设计在传统的盥洗镜的功能基础上，加入了具有人机交互功能的虚拟屏幕，使交互美容镜能够显示用户想要了解的许多信息模块，如时间、天气、新闻、音乐、手机消息、美容教程、皮肤测试与评估等，为用户提供多元的信息和使用体验。此外，交互美容镜将化妆品、面巾纸、化妆棉、吹风筒、美容仪等用户平时洗漱时会用到的产品整合到洗漱镜周围，且为了方便用户使用，对这些物品进行了合理的分区。

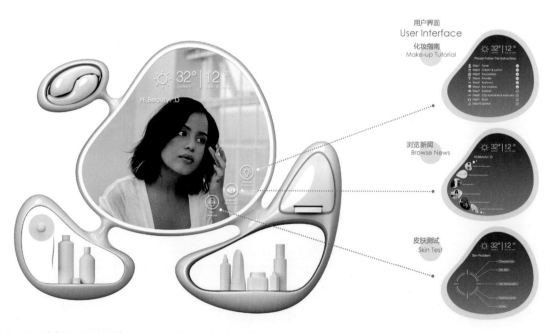

图 8.5　交互美容镜设计渲染效果图，设计学生姓名：侯佳琪

此外，为了更好地配合交互美容镜使用，设计团队还开发了一款 app 来为用户提供更丰富的美容护肤知识，在 app 上也可以买到美容产品（见图 8.6）。有了这款 app 的配合使用，给实体产品注入了新的活力，通过 app 和人机界面不断更新的信息流，用户可以与产品产生持续性互动和依赖，进而拓展产品的实用功能。在 app 中登录个人信息后，可以实时地检测用户的皮肤状态，并根据皮肤状态提醒用户及时进行皮肤检测和护理。设计团队根据用户的各项需求设置 app 各界面的功能和内容，并建立信息框架图以确保各界面信息的连贯性、逻辑性和一致性。

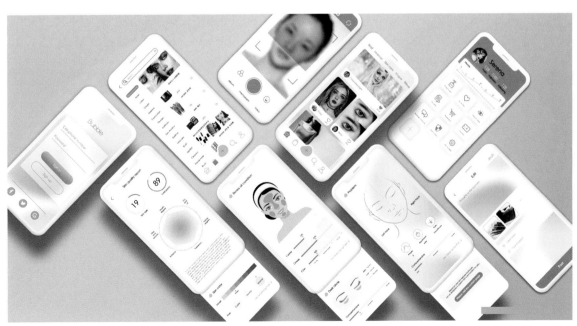

图 8.6　交互美容镜 app 界面设计，设计学生姓名：侯佳琪

8.4   人工智能植入的创意产品设计案例

人工智能的植入让产品具备了灵活的适应能力和应对外部信息的判断力，未来的产品设计将由设计师和人工智能设备配合完成各项设计任务，那么，面向未来的产品设计也应将人工智能产品作为研究的重要方向。本节案例中的环境保护类产品在设计调研阶段可以多考虑产品所处环境的相关因素，通过背景资料来论证产品存在的价值和必要性。"森林纪元"自动植树机（见图 8.7）通过人工智能技术可以替代人力去那些地势险峻、恶劣的地区自动化地完成植树育林的工作，可由无人机提前进行地形观测和判断，再由植树机移动至选定区域，代替工人在严峻的环境下工作。通过大面积的植树任务，自动植树机节约了人工植树所需劳动力，并起到了绿化环境、改善沙漠化的重要作用。

与以往的植树机不同，本设计的创新之处在于以下 3 个方面：其一，自动植树机可以减少人力驾驶的空间，轻量化了植树机的体积后，使其变得十分轻巧、灵活，方便植树机在山地、平地等各种地形中快速移动；其二，在自动植树机中间的舱体中，可以放置需要种植的树苗，通过植树机的两个前臂完成植树的一系列工作，如钻孔、挖坑、植苗、填土等工作；其三，自动植树机作业场地可先利用无人机进行实时探测，对所处地域的情况进行实时了解，通过综合评估选择出适合种植的地域，让植树育苗的成活率有所提高。

此外，为了让自动植树机的功能得以拓展，设计师还对树苗的根部进行了设计，将树苗根部置入一个胶囊之内（见图 8.8），胶囊中有包括树苗在恶劣环境中得以存活的水分、养分。同时胶囊还可以作为保护壳，不仅方便树苗运输，而且可以随着树苗植入土壤中。胶囊使用可降解的环保材料制作，植入土壤后，会不断降解散开，成为树苗生长中的养分，以提高树苗的成活率。

图 8.7　"森林纪元"自动植树机设计 1，设计学生姓名：秦浩翔

图 8.8　"森林纪元"自动植树机设计 2，设计学生姓名：秦浩翔

【"森林纪元"自
动植树机设计】

8.5 材料引发的创意产品设计案例

对于产品材料设计的研究和创新可以打破传统材料的使用局限性，设计团队需要运用多种混合性思维方式。其中，废旧材料的回收再利用是产品设计触手可及的改变方式，材料再设计也是减少现代废旧材料处理问题的关键组成部分，因此，再设计是具有环保意识的当代设计目标。阿迪达斯在 2017 年的财年报告中显示，该公司已在全球范围售出 100 多万双由海洋塑料垃圾制成的运动鞋。鞋底是由不同种类的纤维制作的，主要由柳树皮和其他材料（如琼脂）合成；同时，通过生物纺织制造方式创造的可生长面料，将在其未来运动鞋上加以利用。

如图 8.9 所示，便携小便池的设计创新之处是对新材料的实验，为了解决产品的痛点问题——尿液的存放，设计团队先后实验了 5 种可以吸水的材料，试图将材料放置在小便池舱体内。吸水材料可以迅速吸收尿液，并减少味道四溢，从而给用户提供更好的使用体验。这种吸水的材料最好是对环境不会造成污染的，为了找到适合以上要求的材料，设计团队制订了两个实验计划：一是找到可以迅速吸收大量水分的轻质材料，二是测试这种材料的环境友好性。设计团队尝试将吸收水分后的材料内加入大麦草种子，经过一段时间的观察，发现大麦草开始发芽，通过实验来证实将使用后的该材料定期排放不会对土壤、环境造成污染。

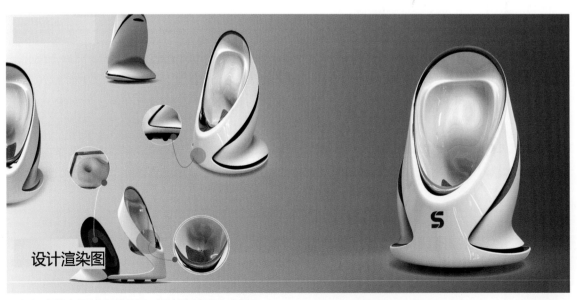

设计渲染图

图 8.9　便携小便池设计渲染图，设计学生姓名：苏悦

跨界设计让这款便携小便池概念产品设计有了不一样的灵魂，如图 8.10 所示，小便池不但拥有便携功能，而且还结合了人性化的关怀，这有利于此设计在服务群体中建立同理心。新材料和工艺的发展总能为产品设计注入新鲜的血液，而这些不可思议的材料应用往往来源于最本质的生活。需要引起设计师重视的是，如今新材料在产品设计领域的应用不仅仅是一个噱头，而是设计师需要转变传统理念，将材料设计作为可持续设计发展的重要研究部分。其中，以生物、自然为基础的可持续性材料需要不断尝试、试验、创想，并在具体的产品中得以利用。放眼未来，地球正在面临种种生态危机，而这些新的材料组成的系统正在为人类提供一个安全、环保、可持续的生活与设计方式。

思考题

（1）设计的创意会在什么阶段产生？

（2）如何评估一个创意是优秀的创意？

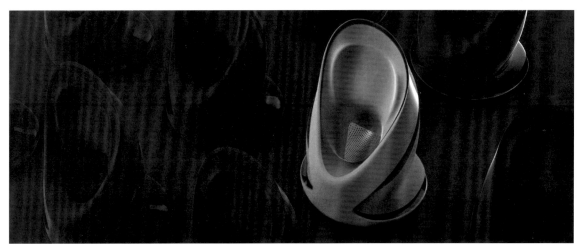

图 8.10　便携小便池设计，设计学生姓名：苏悦

结　语

设计创意方法可在设计前期帮助设计团队围绕课题进行创意发散，但值得注意的是，创意不会在某个特定环节、特定时间产生，这也是设计创意学习过程中的难点。创意可以随着设计调研的不断深入，在设计定位逐渐清晰之后，逐渐产生。设计团队需要对项目的限制性条件进行充分考虑，通过集思广益，排除不切实际、难以实现的想法之后，成熟的创意和点子就会不断涌现出来。同时，设计师的创意思维是可以通过方法总结和经验积累不断地成长的，应对新的课题和未知的挑战，设计创意方法可以帮助设计团队做出理性的判断和行之有效的创新思路。

从微观角度看，产品创意思维能力不足，会导致大学生的创新创业项目缺乏吸引力，从而难以获得长久发展。尤其是对于一些概念产品设计而言，缺乏创意会导致产品未来的市场竞争力下降，甚至会导致企业陷入残酷的同质化的价格竞争之中。从宏观角度看，产品缺乏原创价值是导致当前中国制造业竞争激烈、设计领域山寨横行、企业利润微薄的主要原因之一，因此，为了实现"中国制造"向"中国智造"的转型，产品创意思维能力的提升是关键。

创造力始终都可以作为衡量设计师的一个重要标准，一个富有创新意义的设计想法往往能够帮助企业获得更好的社会认可度和商业价值。一名优秀的设计师需要具备 3 个条件：一是具有良好的洞察力，善于了解用户的需求和痛点，并乐于创造性地解决问题；二是善于收集来自不同方面的信息，既可以确保创意的可行性，又可以深入了解用户，建立同理心；三是灵活运用设计创意思维和方法，能够思辨性地开展创意产品设计。

许多设计从业者和设计师都认为，好的创意往往在爆发灵感的那一瞬间，并带有一定的偶然性。那么，如何才能在需要创意的时候产生大量的设计想法呢？本书中大量的设计创意方法可以帮助他们达成这部分的任务，因为快速产生高品质产品创意的关键在于设计师的思考模式，而这种创意思维可以快速在用户需求、痛点、环境、技术等设计相关线索之间建立有效的联系，并显示出设计创意的有效路径。当一条或多条设计线索同时存在时，设计团队可以从多个角度提出多种解决问题的思路；而且，拓宽想法思路时，也要进行多维度的评估，才能选择最好的创意。

参考文献

查尔斯·菲利普斯，2016. 如何进行创意思维 [M]. 郭世雄，周丽萍，译. 北京：北京时代华文书局.

崔勇，杜静芬，2013. 艺术设计创意思维 [M]. 北京：清华大学出版社.

段轩如，2018. 创意思维实训 [M].2 版. 北京：清华大学出版社.

何辉，2016. 创意思维：关于创造的思考 [M].3 版. 北京：人民出版社.

克里斯·格里菲斯，梅利娜·考斯蒂，2020. 创意思维手册 [M]. 赵嘉玉，译. 北京：机械工业出版社.

李颖，2016. 创意思维与实践 [M]. 北京：中国轻工业出版社.

李卓逸，2011. 哈佛学生都在玩的创意思维游戏 [M]. 重庆：重庆出版社.

罗玲玲，2008. 创意思维训练 [M]. 北京：首都经济贸易大学出版社.

迈克尔·勒威克，帕特里克·林克，拉里·利弗，2019. 设计思维手册：斯坦福创新方法论 [M]. 高馨颖，译. 北京：机械工业出版社.

王丽君，2013. 造型创意思维 [M]. 南京：江苏科学技术出版社.

王欣，2015. 创意思维与设计 [M].2 版. 武汉：武汉大学出版社.

约翰·斯宾塞，A.J. 朱利安尼，2018. 如何用设计思维创意教学：风靡全球的创造力培养方法 [M]. 王頔，董洪远，译. 北京：中国青年出版社.

张渺，2019. 产品创意思维训练 [M]. 武汉：武汉大学出版社.

张晓东，2011. 起点：设计创新思维与表现 [M]. 西安：陕西人民美术出版社.